iPhone
完全マニュアル
2024

iPhone Perfect Manual 2024

standards

INTRODUCTION	P004
iPhoneの初期設定をはじめよう	P006
気になるポイントQ&A	P012

Section 01
**iPhoneスタート
ガイド**

本体のボタンやスイッチの操作法	P014
タッチパネルの操作方法をしっかり覚えよう	P018
ホーム画面の仕組みとさまざまな操作法	P020
コントロールセンターや通知センター、ウィジェットを利用する	P024
さまざまな通知方法を適切に設定する	P027
壁紙の変更とロック画面のカスタマイズ	P028
App Storeからアプリをインストールする	P030
iCloudでさまざまなデータを同期&バックアップする	P032
ロック画面のセキュリティをしっかり設定する	P035
文字入力の方法を覚えよう	P036
まずは覚えておきたい操作&設定ポイント	P040

Section 02
**標準アプリ
完全ガイド**

Safari	P046
電話	P050
連絡先	P054
メール	P056
メッセージ	P062
FaceTime	P066
カメラ	P068
写真	P072
ミュージック	P076
カレンダー	P080
メモ	P081
その他の標準アプリ	P082

Section 03
**iPhone活用
テクニック**

001	一度使えば手放せないApple Payの利用方法	P084
002	ますます普及するQRコード決済を使ってみよう	P088
003	アクションボタンで多彩な操作を自動実行する	P089
004	スタンバイモードでさまざまな情報を表示する	P090
005	パスワードの自動入力機能を活用する	P091
006	パスワード不要の認証システム「パスキー」を利用する	P092
007	パスワードやパスキーを他のユーザーと共有する	P092
008	仕事用や学校用など用途別にSafariを使い分ける	P093
009	支払いにPayPayやキャリア決済を使う	P093
010	iPhone同士で写真やデータをやり取りする	P094
011	iPhone同士で連絡先を交換する	P094

012	好きな写真で連絡先ポスターを作成	P094
013	インターネット共有でiPadやパソコンをネット接続	P095
014	横画面だけで使えるiOSの隠し機能	P095
015	よく使う言葉や文章を辞書登録して入力を効率化	P096
016	精度の高い音声入力を本格的に利用しよう	P096
017	ロック画面からアプリを起動できるようにする	P097
018	集中モードで通知をコントロールする	P097
019	動画を見ながら他のアプリを利用する	P098
020	iPhoneのSafariとパソコンのChromeでブックマークを同期	P098
021	通話中の周囲の雑音をカットする	P099
022	背面をタップして各種機能を起動する	P099
023	Siriで音量をさらに細かく調整する	P099
024	写真からオリジナルのステッカーを作成	P099
025	eSIMに基本料0円のサブ回線を契約しておく	P100
026	iPhoneの画面の動きを動画として保存する	P100
027	Siriに通知の内容を教えてもらう	P100
028	文字入力時に使える自動入力機能	P101
029	子供が使うときの起動アプリをひとつにする	P101
030	情報配信速度に定評のある人気防災アプリ	P101
031	ケーブル不要で使えるモバイルバッテリー	P101
032	機能も精度も抜群なGoogleマップを利用しよう	P102
033	オンラインの友人と映画や音楽を一緒に楽しむ	P103

Section 04
iPhoneトラブル解決総まとめ
4

動作にトラブルが発生した際の対処法	P104
トラブルが解決できない場合の初期化方法	P105
破損などの解決できないトラブルに遭遇したら	P106
iPadでもFaceTimeが同時に着信する	P106
Lightningケーブルが破損・断線してしまった	P106
写真や動画をパソコンにバックアップする	P106
Appleの保証期間を確認、延長したい	P107
共有シートのおすすめを消去したい	P107
空き容量が足りなくなった時の対処法	P107
Apple IDのIDやパスコードを変更する	P108
誤って「信頼しない」をタップした時の対処法	P108
誤って登録された予測変換を削除する	P108
マップの現在位置がずれている場合は	P109
ユーザーIDの使い回しに注意しよう	P109
Apple PayのSuica残額がおかしい時は	P109
サブスクリプションの加入状況を確認する	P109
パスコードを忘れて誤入力した時の対処法	P110
紛失したiPhoneを見つけ出す方法	P111

ほとんどお手上げの人も
もっと使いこなしたい
人もどちらもしっかり
フォローします

i P h o n e　P e r f e c t

はじめにお読みください

本書の記事は2024年4月の情報を元に作成しています。iOSやアプリのアップデートおよび使用環境などによって、機能の有無や名称、表示内容、操作法が本書記載の内容と異なる場合があります。あらかじめご了承ください。また、本書掲載の操作によって生じたいかなるトラブル、損失について、著者およびスタンダーズ株式会社は一切の責任を負いません。自己責任でご利用ください。

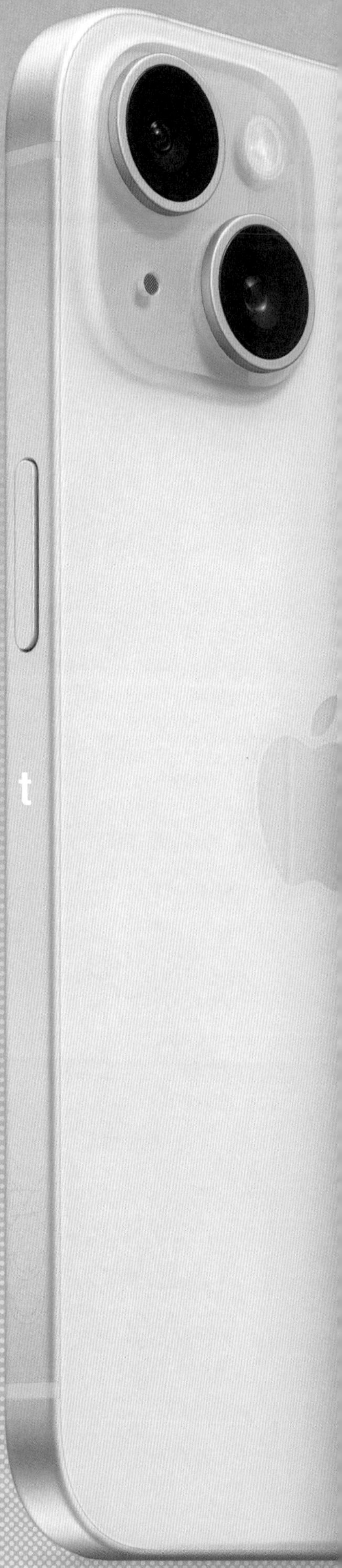

いつも持ち歩いてSNSや電話はもちろん、
写真の撮影、動画や音楽のサブスクリプション、
ゲーム、地図、ノート、情報の検索……など、数え上げても
きりがないほど多彩な用途に活躍するiPhone。
Apple製品らしく直感的に扱えるようデザインされている
とはいえ、機能や設定、操作法は多岐にわたる。
本書は、iPhone初心者でも最短でやりたいことができるよう、
要点をきっちり解説。iOSや標準アプリの操作をスピーディに
マスターできる。また、iPhoneをさらに便利に
快適に使うための設定ポイントや活用のコツも紹介。
この1冊で、iPhoneを「使いこなす」ところまで到達できるはずだ。

Manual 2024

こちらも
チェック!

新しい使い方を発見できる!

iPhone
15 Pro/15 Pro Max/
15/15 Plus
便利すぎる! テクニック

A4変形／112ページ
1,280円(税込)

iPhoneの注目新機能や隠れた
便利機能、ベストな設定、賢い操
作法、実力派アプリをたっぷり紹
介。知らなかった裏技が満載で、
日々の使い方が劇変すること間
違いなしの1冊です。

iPhoneの 初期設定を始めよう

初期設定の項目は あとからでも変更できる

iPhoneを購入したら、使いはじめる前に、いくつか設定を済ませる必要がある。店頭で何も設定しなかった場合や、オンラインで購入した端末は、電源を入れると初期設定画面が表示されるはずだ。この場合は、P007からの「手順1」に従って、最初から初期設定を進めよう。ショップの店頭で初期設定を一通り済ませている場合は、電源を入れるとロック画面が表示されるはずだ。この場合も、Apple ID、iCloud、パスコードやFace ID／Touch IDといった重要な設定がまだ済んでいないので、P010からの「手順2」に従って、「設定」アプリで設定を済ませよう。

なお、「手順1」で設定をすべてスキップしたり、設定した内容をあとから変更したい場合も、「手順2」の方法で設定し直すことができる。

「すべてのコンテンツと設定を消去」で最初からやり直せる

リセット

すべてのコンテンツと設定を消去

タップ

初期設定で行うほとんどの項目は、「手順2」の「設定」アプリで後からでも変更できるが、すべての設定をリセットして完全に最初からやり直したい場合は、「設定」→「一般」→「転送またはiPhoneをリセット」→「すべてのコンテンツと設定を消去」を実行しよう（P105で解説）。再起動後に、「手順1」の初期設定をやり直すことになる。

起動後に表示される画面で手順が異なる

まずは、iPhone右側面のサイドボタンを押して、画面を表示させよう。画面が表示されない場合は、サイドボタンを3秒程度長押しすれば電源がオンになる。表示された画面が初期設定画面（「こんにちは」が表示される）であれば、P007からの「手順1」で設定。時刻や日付が表示されるロック画面であれば、P010からの「手順2」で設定を進めていこう。

初期設定画面（こんにちは）が表示された場合

こんにちは

上にスワイプして開く

手順❶
P007へ

ロック画面が表示された場合

docomo

4月3日 水曜日

10:13

手順❷
P010へ

初期設定前に気になるポイントを確認

初期設定中にかかってきた電話に出られる？
iPhoneをアクティベートしたあと（P007の手順5以降）であれば、かかってきた電話に応答できる。着信履歴も残る。（※docomo版で確認。au／SoftBank版では動作が異なる場合がある。）

電波状況が悪いけど大丈夫？
iPhoneのアクティベートには、ネットへの接続が必要になる。電波がつながらない時は、パソコンのAppleデバイスアプリかiTunes（MacではFinder）と接続してアクティベートすることもできる。ただし、SIMカードの挿入が必要になる。

Wi-Fiの設置は必須？
初期設定時はなくてもモバイルデータ通信で進めていけるが、Wi-Fiに接続しないとiCloudバックアップからは復元できない。初期設定終了後も、iOSのアップデートなど大容量のデータ通信が必要な機会は多いので、できる限り用意しておこう。

バッテリーが残り少ないけど大丈夫？
初期設定の途中で電源が切れるとまた最初から設定し直すことになるので、バッテリー残量が少ないなら、充電ケーブルを接続しながら操作したほうが安心だ。

手順 1 初期設定メニューに沿って設定する

1 使用する言語と国を設定する

「こんにちは」画面を下から上にスワイプする（ホームボタンのある機種はホームボタンを押す）と、初期設定開始。まず言語の選択画面で「日本語」を、続けて国または地域の選択画面が表示されるので「日本」をタップする。

2 テキストとアイコンの表示方法を選択する

テキストとアイコンのサイズをデフォルト、中、大から選択し「続ける」をタップ。なお、右上のアクセシビリティボタンをタップすると、VoiceOverやAssistiveTouchなど、視覚や身体のサポート機能を有効にした上で初期設定を進められる

3 クイックスタートをスキップ

「クイックスタート」は、近くにあるiPhoneやiPadの各種設定を引き継いで、自動でセットアップしてくれる機能。変更前の機種がiPhoneならこの機能を利用しよう。ここでは「もう一方のデバイスなしで設定」をタップしてスキップ。

次ページに

POINT

クイックスタートで自動セットアップする

「クイックスタート」画面の表示中に他のiPhoneやiPadを近づけると、「新しいiPhoneを設定」画面が表示されるので「続ける」をタップ。あとは初期設定中のiPhoneの画面に表示される青い模様をカメラでスキャンすれば、各種設定を手軽に移行できる。

4 文字入力や音声入力を設定する

iPhoneで使用するキーボードや音声入力の種類を設定する。標準のままでよければ「続ける」をタップすればよい。他のものを使いたいなら、「設定をカスタマイズ」をタップして変更しよう。

5 Wi-Fiに接続してアクティベート

Wi-Fiを設置済みなら自宅や職場のSSIDをタップして接続し、iPhoneをアクティベートする。続けて「データとプライバシー」画面で「続ける」をタップし、さらに「iPhoneを設定」画面で「自分用に設定」をタップしよう。

6 Face IDまたはTouch IDを登録する

画面ロックの解除やストアでの購入処理などを、顔認証で行えるFace ID（ホームボタンのない機種）、または指紋認証で行えるTouch ID（ホームボタンのある機種）の設定を行う。iPhone 15シリーズなど一部の機種では、マスク着用時にFace IDを使用する設定も行える。

7 パスコードを設定する

続けてiPhoneのロック解除やデータ保護に利用する、パスコードを設定する。標準では6桁の数字で設定するが、「パスコードオプション」をタップすれば、自由な桁数の英数字や、自由な桁数の数字、より簡易な4桁の数字でも設定できる。

8
新しいiPhone として設定する

初めてiPhoneを利用する場合は、「何も転送しない」をタップしよう。iCloudやパソコンにiPhoneのバックアップデータがある場合は、この画面で復元できる。またAndroid端末からデータを移行することも可能だ。

POINT

各種バックアップから復元・移行する

iCloudバックアップから復元

iCloudバックアップ（P032で解説）から復元するには、「iCloudバックアップから」をタップ。復元にはWi-Fi接続が必須となる。Apple IDを入力してサインインし、復元するバックアップデータを選択して復元を進めよう。

MacまたはPCから復元

パソコンでバックアップしたデータから復元する場合は、「MacまたはPCから」をタップ。パソコンと接続して、AppleデバイスアプリかiTunes（Macでは「Finder」）でバックアップファイルを選択し、復元を開始する。

Androidからデータを移行

Androidスマートフォンにあらかじめ「iOSに移行」アプリをインストールしておき、「Androidから」→「続ける」をタップ。表示されたコードをAndroid側で入力すれば、Googleアカウントなどのデータを移行できる。

9
Apple IDを 新規作成する

Apple IDを新規作成するには、「パスワードをお忘れかApple IDをお持ちでない場合」→「無料のApple IDを作成」をタップする。なお、「あとで"設定"でセットアップ」でApple IDの作成をスキップできる。

POINT
Apple IDを 作成済みの場合は

作成済みのApple ID とパスワードを入力

すでにApple IDがあるなら、ここでサインインしておこう。新しいApple IDを作成してこのiPhoneに関連付けてしまうと、後で既存のApple IDに変更しても、90日間は購入済みの音楽やアプリを再ダウンロードできなくなってしまう。

10
生年月日と名前を 入力する

生年月日と名前を入力する。生年月日は、特定の機能を有効にしたり、パスワードをリセットする際などに利用されることがあるので、正確に入力しておこう。

11
Apple IDにする アドレスを設定

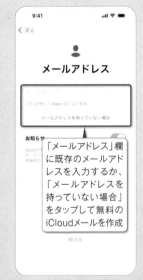

「メールアドレス」欄に既存のメールアドレスを入力するか、「メールアドレスを持っていない場合」をタップして無料のiCloudメールを作成

普段使っているメールアドレスをApple IDとして利用したい場合は、「メールアドレス」欄に入力すればよい。または、「メールアドレスを持っていない場合」をタップし、iCloudメール（@icloud.com）を新規作成してApple IDにすることもできる。

12
メールアドレスと
パスワードを入力

Apple IDにするメールアドレスを入力して「次へ」をタップし、続けてApple IDのパスワードを設定する。パスワードは、数字／英文字の大文字と小文字を含んだ、8文字以上で設定する必要がある。

POINT
Apple IDのメールアドレスを確認する

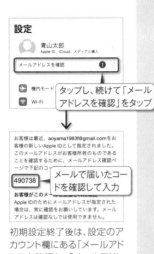

初期設定終了後は、設定のアカウント欄にある「メールアドレスを確認」→「メールアドレスを確認」をタップ。Apple IDとして登録したアドレス宛てにコードが届くので、コードを入力して認証を済ませよう。これでApple IDが有効になり、iCloudやApp Storeを利用可能になる。

13
2ファクタ認証を
設定する

「電話番号」画面で「続ける」をタップすると、このiPhoneの電話番号で2ファクタ認証が設定される。他のデバイスでApple IDにサインインする際は、この電話番号にSMSで届く確認コードの入力が必要になる。続けて利用規約に同意。

14
自動アップデートと位
置情報を有効にする

今後配信されるiOSのアップデートを自動的にインストールするか確認されるので、「続ける」をタップ。マップなどのアプリで現在地を表示したり「探す」で紛失したiPhoneの位置を特定するのに必要な「位置情報サービス」もオンにする。

15
Siriとスクリーン
タイムの設定

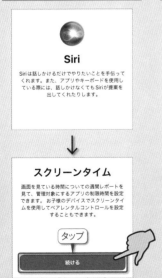

音声アシスタント機能の「Siri」を利用するなら、「続ける」をタップして自分の声を登録する。続けてiPhoneの使用時間について詳しいレポートを表示してくれる「スクリーンタイム」も、「続ける」をタップして有効にしておこう。

16
外観モードを
選択する

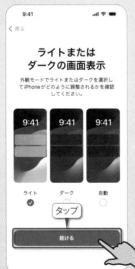

Appleの製品やサービス向上のために解析データをAppleと共有するかどうか選択したら、続けて外観モードの設定。画面の明るい「ライト」か、黒を基調にした「ダーク」、スケジュールに合わせて自動で切り替える「自動」から選択しよう。

17
アクションボタンを
設定する

iPhone 15 Proシリーズの場合は、「消音モード」画面で「続ける」をタップすると、アクションボタンの設定画面になる（P089で解説）。デフォルトの消音機能から変更する必要がなければ、「今はしない」をタップしよう。

18
初期設定を
終了する

最後に緊急SOSの確認画面で「続ける」をタップすれば、初期設定はすべて終了。画面を上にスワイプすればホーム画面が表示される。初期設定中にスキップした項目は、P010から解説している通り、「設定」アプリであとから設定できる。

手順 2 各項目を個別に設定する

1 ロックを解除して「設定」アプリを起動

タップして「設定」を開く。以降で解説する各設定項目は、すべて「設定」の画面内に用意されている

店頭で最低限の初期設定を済ませていれば、電源を入れるとロック画面が表示される。パスコードを設定済みの場合はロックを解除し、ホーム画面が表示されたら、「設定」アプリをタップして起動しよう。

2 使用するキーボードを選択する

タップ キーボード

「設定」→「一般」→「キーボード」→「キーボード」をタップすると、現在利用できるキーボードの種類を確認できるほか、「新しいキーボードを追加」で他のキーボードを追加できる。キーボードの種類や入力方法については、P036から解説している。

3 Wi-Fiに接続する

オンにする

タップ

タップ

「設定」→「Wi-Fi」をタップして、「Wi-Fi」のスイッチをオンにする。自宅や職場のSSIDを選択し、接続パスワードを入力して「接続」をタップすれば、Wi-Fiに接続できる。

4 位置情報サービスをオンにする

タップ

オンにする

「設定」→「プライバシーとセキュリティ」→「位置情報サービス」をタップし、「位置情報サービス」のスイッチをオンにすれば、マップなどで利用する位置情報が有効になる。この画面で、アプリごとに位置情報を使うかどうかを切り替えることもできる。

5 Face IDまたはTouch IDを設定する

タップして顔を登録する。iPhone 15シリーズなど一部の機種では、続けて「マスク着用時にFace IDを使用する」をタップし顔登録を行う（登録時にマスクを着用する必要はない）と、マスク着用時でもFace IDを使えるようになる。この時メガネをかけていると、メガネを外した状態で3回目の顔登録が求められる。さらに「メガネを追加」をタップすると、合計4本までメガネを変えて顔登録できる。色の濃いサングラスは登録できない

Face IDをセットアップ

「設定」→「Face IDとパスコード」→「Face IDをセットアップ」をタップ。枠内に顔を合わせ、円を描くように頭を動かすと顔が登録される。iPhone 15シリーズなど一部の機種では、マスク着用時用のFace IDも設定できる。

iPhone SEの場合

タップ

ホームボタンのあるiPhone SEの場合は「設定」→「Touch IDとパスコード」→「指紋を追加」をタップ。画面の指示に従ってホームボタンを何度かタッチすれば指紋が登録され、指紋認証の利用が可能になる。指紋は複数の指で登録可能だ。

POINT

Face／Touch IDで認証する機能の選択

顔認証／指紋認証を使用したい項目をそれぞれオンにしておく

Face IDやTouch IDの設定を済ませておけば、iPhoneのロック解除、iTunes／App Storeの決済、ウォレットとApple Payの決済、パスワードの自動入力などに、顔認証や指紋認証を利用できる。「設定」→「Face ID（Touch ID）とパスコード」の「FACE（TOUCH）IDを使用」欄で、利用したい機能のスイッチをそれぞれオンにしておこう。

6 パスコードを変更する

タップ

Face IDやTouch IDを設定すると、同時にパスコードの設定も求められる。設定したパスコードを後から変更するには「設定」→「Face ID（Touch ID）とパスコード」→「パスコードを変更」をタップする。

7
Apple IDを新規作成する

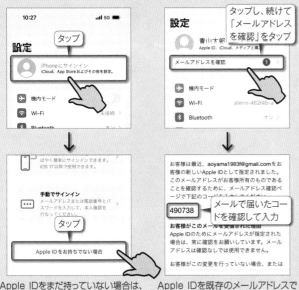

Apple IDをまだ持っていない場合は、「設定」の一番上にある「iPhoneにサインイン」をタップし、「Apple IDをお持ちでない場合」をタップ。あとは、P008の手順10以降に従って作成しよう。

Apple IDを既存のメールアドレスで登録した場合は、アカウント欄の「メールアドレスを確認」→「メールアドレスを確認」をタップすると、そのアドレス宛てにコードが届く。コードを入力して認証を済ませよう。

8
iCloudで同期する項目を変更する

Apple IDでサインインを済ませたら、「設定」の一番上に表示されるアカウント名をタップし、「iCloud」→「すべてを表示」をタップ。iCloudで同期したい各項目をオンにしておこう。iCloudでできることは、P032を参照。

9
App Storeなどにサインインする

「設定」の一番上のアカウント名をタップし、「メディアと購入」→「続ける」でApp Storeなどにサインインする。初めてアプリをインストールする際は、「レビュー」をタップして支払い情報などを設定する必要もある。

10
Siriを設定する

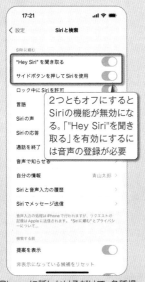

iPhoneに話しかけるだけで、各種操作や検索を行える機能「Siri」を利用するには、「設定」→「Siriと検索」の「"Hey Siri"を聞き取る」「サイド（ホーム）ボタンを押してSiriを使用」のどちらかをオンにすればよい。

POINT

各種バックアップから復元・移行する

PCのバックアップから復元

パソコンでバックアップしたデータから復元するには、iPhoneをパソコンに接続してAppleデバイスアプリかiTunes（Macでは「Finder」）を起動すればよい。iPhoneが認識されたら、「このバックアップから復元」にチェックして、復元するデータを選択する。

iCloudバックアップから復元／Androidからデータを移行

iCloudバックアップから復元するか、またはAndroidスマートフォンからデータを移行したい場合は、まず「設定」→「一般」→「転送またはiPhoneをリセット」→「すべてのコンテンツと設定を消去」で、一度端末を初期化する。

P007からの「手順1」に従って初期設定を進めていき、「アプリとデータを転送」画面になったら、「iCloudバックアップから」で復元するか、「Androidから」でデータを移行する。

iPhoneの気になる疑問Q&A

iPhoneを使いはじめる前に、必要なものは何か、ない場合はどうなるか、まずは気になる疑問を解消しておこう。

Q1 iPhoneの管理にパソコンは必須?

A なくても問題ないが一部操作に必要

バックアップや音楽CD取り込みに使う

パソコンがあれば、AppleデバイスアプリがiTunes(Macでは標準の「Finder」)を使ってiPhoneを管理できるが、なくてもiPhoneは問題なく利用できる。ただし、音楽CDを取り込んでiPhoneに転送するには(P078で詳しく解説)、iTunes(Windows)やミュージックアプリ(Mac)が必要となる。また、iPhoneでiCloudバックアップを作成できないときに、パソコンでバックアップを作成して復元できる(P105で解説)ほか、「リカバリーモード」でiPhoneを強制的に初期化する際にも、パソコンとの接続が必要だ。

> パソコンがあれば、iCloudバックアップが使えない場合でもバックアップの作成と復元ができるなど、トラブルに対処しやすい

バックアップ
- iPhone内の最も重要なデータをiCloudにバックアップ
- iPhone内のすべてのデータをこのコンピュータにバックアップ
- ☑ ローカルバックアップを暗号化
  暗号化されたバックアップでは、パスワードと個人の健康、データが

パスワードを変更...

Q2 Apple IDは絶対必要?

A App StoreやiCloudの利用に必須

Apple製品を使う上で必要不可欠なアカウント

Apple IDは、App Storeからアプリを入手したり、iCloudでメールや連絡先などのデータを同期したり、iPhoneのバックアップを作成するといった、Appleが提供するさまざまなサービスを利用するのに必要となる重要なアカウントだ。Apple IDがないとiPhoneならではの機能を何も使えないので、必ず作成しておこう。Apple IDは初期設定中に作成できる(P008で解説)ほか、設定画面からでも作成できる(P011で解説)。

> Apple IDがないと、App StoreやiCloud、iMessage、FaceTime、Apple Music、Apple TV、ブックといった、Appleが提供するさまざまなサービスを利用できない

Q3 クレジットカードは必須?

A なくてもApp Storeなどを利用できる

ギフトカードやキャリア決済でもOK

Apple IDで支払情報を「なし」に設定しておけば、クレジットカードを登録しなくても、App Storeなどから無料アプリをインストールできる。クレジットカードなしで有料アプリを購入したい場合は、コンビニなどでApple Gift Cardを購入し、App Storeアプリの右上のユーザーボタンをタップして「ギフトまたはコードを使う」をタップ。Apple Gift Cardのコードをカメラで読み取り、金額をチャージすればよい。クレジットカードを登録済みの場合でも、Apple Gift Cardの残高から優先して支払いが行われる。人気の電子決済サービスPayPayや、月々の携帯料金とまとめて支払うキャリア決済も利用できる(P093で解説)。

> Apple Gift Cardは、コンビニなどで購入できる。「バリアブル」カードで購入すると、1,000円から50万円の間で好きな金額を指定できる

Q4 Wi-Fiは必須?

A ほぼ必須と言ってよい

5G対応機種でもWi-Fiを用意しよう

最近の5G対応機種なら、iOSのアップデートやiCloudバックアップもモバイルデータ通信で行えるが、iCloudバックアップからの復元にはWi-Fi接続が必要となる。また、数GBのアップデートや動画再生にモバイル通信を使うと、あっという間に通信量を消費してしまうので、できる限りWi-Fiは用意しておきたい。最新規格の「11ax」や「11ac」に対応したWi-Fiルータがおすすめだ。

> ルータは11ax対応の製品がもっとも高速だ。このバッファロー「WSR-1800AX4P」は、11ax対応で約6,600円と手頃な価格。ひとつ前の11ac対応ルータでも十分高速で価格も安い

Q5 電源アダプタが付いてないけど何を買えばいい?

A 純正の20Wアダプタを買おう

20W以上あれば高速充電できる

現在販売されているiPhoneには、充電に必要な電源アダプタが同梱されておらず、別途購入する必要がある。完全にバッテリーが切れたiPhoneを再充電する際などは、純正の電源アダプタとケーブルを使わないとうまく充電できないことがあるので、Apple純正品を購入しておいた方が安心だ。また、iPhone 15シリーズなどを高速充電するには20W以上のUSB PD対応充電器が必要だが、Appleの「20W USB-C電源アダプタ」を使えば高速充電も問題ない。他社製品を選ぶ場合も、「USB PD対応で20W以上」を目安にしよう。

> Apple純正「20W USB-C電源アダプタ」(税込2,780円)を購入しておけば、付属のUSB-Cケーブルと組み合わせて、現在販売中のすべてのモデルを高速充電できる

iPhone スタートガイド

iPhoneを手にしたらまずは覚えたいボタンや
タッチパネルの操作、画面の見方、文字の
入力方法など、基本中の基本を総まとめ。

Section 1

P014　本体のボタンやスイッチの操作法

P018　タッチパネルの操作方法をしっかり覚えよう

P020　ホーム画面の仕組みとさまざまな操作法

P024　コントロールセンターや通知センター、ウィジェットを利用する

P027　さまざまな通知方法を適切に設定する

P028　壁紙の変更とロック画面のカスタマイズ

P030　App Storeからアプリをインストールする

P032　iCloudでさまざまなデータを同期&バックアップする

P035　ロック画面のセキュリティをしっかり設定する

P036　文字入力の方法を覚えよう

P040　まずは覚えておきたい操作&設定ポイント

本体のボタンや
スイッチの操作法

iPhoneの操作は、マルチタッチスクリーンに加え、本体に備わる各種ボタンで行う。
まずは電源やスリープ操作を行うサイドボタンをはじめ、各ボタンやスイッチの役割と基本的な操作法を覚えておこう。

ボタンとスイッチの重要な機能

iPhoneのほとんどの操作は、ディスプレイに指で触れて行うが、本体の基本的な動作に関わる操作は、ハードウェアのボタンやスイッチで行うことになる。サイドボタンは、電源のオン／オフを行うと共に、画面を消灯しiPhoneを休息状態に移行させる「スリープ」機能のオン／オフにも利用する。電源とスリープが、それぞれどのような状態になるかも確認しておこう。

なお、電源やスリープに関しては、iPhone 15などのフルディスプレイモデルとホームボタンを搭載したiPhone SEで操作法や設定が異なる。また、iPhone SEに備わるホームボタンは、「ホーム画面」（P020で解説）という基本画面に戻るためのボタンで、スリープ解除にも利用できる。さらに、サウンドをコントロールする音量ボタンと着信／サイレントスイッチも備わっている。それぞれ使用した際に、どの種類の音がコントロールされるのか把握しておこう。

section
1

iPhone
スタート
ガイド

iPhone 15シリーズなどに備わるボタンとスイッチ

アクションボタン
iPhone 15 Proおよび iPhone 15 Pro Maxに新たに搭載されたボタン。標準では、長押しで消音モードになる。非搭載モデルには、同じ位置に「着信／サイレントスイッチ」が搭載されている。

音量調節ボタン
再生中の音楽や動画の音量を調整するボタン。設定により、着信音や通知音の音量もコントロールできるようになる（P017で解説）。

マルチタッチディスプレイ
iPhoneのほとんどの操作は、画面をタッチして行う。タッチ操作の詳細は、P018で詳しく解説している。

USB-Cコネクタ
本体下部のコネクタ。付属のケーブルを接続し、充電やデータの転送を行う。また、Apple製のイヤフォン「EarPods（USB-C）」など、各種周辺機器を接続可能。なお、iPhone 15シリーズ以外はUSB-Cではなく、Lightningコネクタが備わっている。

サイドボタン
電源のオン／オフやスリープ／スリープ解除を行うボタン。詳しい操作法はP016で解説。なお、「電源ボタン」や「電源／スリープボタン」と呼ばれることもある。

POINT

画面の黄色味が気になる場合は

iPhoneを使っていて、黄色っぽい画面の色が気になる場合は、「True Tone」機能をオフにしよう。周辺の環境光を感知し、ディスプレイの色や彩度を自動調整する機能だが、画面が黄色くなる傾向がある。

「設定」→「画面表示と明るさ」の「True Tone」をオフにする

ロック画面を理解する

iPhoneの電源をオンにした際や、スリープを解除した際にまず表示される「ロック画面」。Face ID（顔認証）やTouch ID（指紋認証）、パスコードでロックを施せば（P035で解説）、自分以外がここから先の画面に進むことはできない。なお、ロック画面ではなく初期設定画面が表示される場合は、指示に従って設定を済ませよう（P006で解説）。

iPhone 15などのロック画面

iPhone 15シリーズなどのフルディスプレイモデルでは、画面下部から上へスワイプし、Face ID（顔認証）やパスコードでロックを解除する

iPhone SEのロック画面

ホームボタンを搭載したiPhone SEでは、ホームボタンを押して、Touch ID（指紋認証）やパスコードでロックを解除する

iPhone SEに備わるボタンとスイッチ

着信／サイレントスイッチ
電話やメールなどの着信音、通知音を消去したいときに利用する。オレンジ色の表示側が消音モードとなる。なお、音量ボタンで音量を一番下まで下げても消音にはならない。

音量調節ボタン
再生中の音楽や動画の音量を調整するボタン。設定（P017で解説）により、着信音や通知音の音量もコントロールできるようになる。

マルチタッチディスプレイ
iPhoneのほとんどの操作は、画面をタッチして行う。タッチ操作の詳細は、P018以降で詳しく解説している。

Lightningコネクタ
本体下部中央のLightningコネクタ。本体に付属し、充電やパソコンとのデータ転送に利用するUSB-C - Lightningケーブルや、Apple製のイヤフォン「EarPods」を接続できる。

サイドボタン
電源のオン／オフやスリープ／スリープ解除を行うボタン。詳しい操作法はP017で解説。「電源ボタン」や「電源／スリープボタン」と呼ばれることもある。

ホームボタン／Touch IDセンサー
操作のスタート地点となる「ホーム画面」（P020で解説）をいつでも表示できるボタン。指紋認証センサーが内蔵されており、ロック解除などの認証操作に利用できる。

POINT

3.5mmプラグのイヤフォンを使う

現在販売中のiPhoneには一般的な3.5mmオーディオジャックは備わっていない。3.5mmプラグのイヤフォンを使いたい場合は、AppleのUSB-C - 3.5mmヘッドフォンジャックアダプタ（税込1,380円）などを用意する必要がある。

ボタンやスイッチの操作法

iPhone 15シリーズなどフルディスプレイモデルの電源／スリープ操作

> ### iPhoneをスリープ／スリープ解除する

スリープ解除後にロック画面が表示されたら、画面の一番下から上方向へスワイプ。顔認証やパスコード入力（設定はP035で解説）でロックを解除すれば、ホーム画面（P020で解説）が表示される

画面が表示されている状態でサイドボタンを押すと、画面が消灯しスリープ状態になる。消灯時に押すとスリープが解除され、画面が点灯する。タッチパネル操作も行えるようになる。

> ### iPhoneの電源をオン／オフする

電源オン時にサイドボタンと音量調節のどちらかのボタンを同時に1〜2秒長押しすると、このような画面が表示される。上の「スライドで電源オフ」を右へスライドすると電源をオフにできる

消灯時にサイドボタンを押しても画面が表示されない時は、電源がオフになっている。サイドボタンを2〜3秒長押ししてアップルマークが表示されたら、電源がオンになる。電源オフは上記の操作を行おう。

> ### 画面をタップしてスリープ解除

スイッチをオンにする。サイドボタンを押さずにスリープ解除およびロック解除できるので、机の上などに置いたiPhoneをスムーズに使い始めることができる

「設定」→「アクセシビリティ」→「タッチ」→「タップかスワイプでスリープ解除」をオンにしておけば、画面をタップするだけでスリープを解除できる。また、画面下部から上へスワイプすることで、スリープ解除およびロック解除を行える。

POINT

スリープと電源オフの違いを理解する

電源をオフにすると通信もオフになりバックグラウンドでの動作もなくなるため、バッテリーの消費はほとんどなくなるが、電話の着信やメールの受信をはじめとするすべての機能も無効となる。一方スリープは、画面を消灯しただけの状態で、電話の着信やメールの受信をはじめとする通信機能や音楽の再生など、多くのアプリのバックグラウンドでの動作は継続され、データ通信量やバッテリーも消費される。電源オフとは異なりすぐに操作を再開できるので、特別な理由がない限り、通常は使わない時も電源を切らずスリープにしておこう。状況に応じて、消音モードや機内モード（P043で解説）で、サウンドや通信のみ無効にすることもできる。

> ### 手前に傾けてスリープを解除

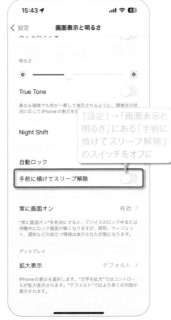

「設定」→「画面表示と明るさ」にある「手前に傾けてスリープ解除」のスイッチをオフに

iPhoneは、本体を手前に傾けるだけでスリープを解除できる。必要のない時でもスリープが解除されることがあるので、わずらわしい場合は機能をオフにしておこう。

> ### 一部の機種で使える常時表示ディスプレイ

「設定」→「画面表示と明るさ」→「常に画面オン」→「常に画面オン」をオンにすれば、常時表示ディスプレイが有効になる。スリープ時に完全消灯したい場合はオフにしよう。壁紙と通知を表示するかどうかも選択できる

iPhone 15 ProシリーズとiPhone 14 Proシリーズでは、「常時表示ディスプレイ」を利用可能。スリープ時も画面が完全には消灯せず、ある程度暗くなった画面で時刻やウィジェットなどを確認できる。

iPhone SE（ホームボタン搭載）の電源／スリープ操作

＞ iPhoneをスリープ ／スリープ解除する

Touch ID（指紋認証）を設定していれば、ホームボタンを押してスリープ解除と同時にロック解除を行える。左ページの通り、本体を傾けるだけでスリープ解除することも可能

画面が表示されている状態でサイドボタンを押すと、画面が消灯しスリープ状態になる。スリープ解除は、サイドボタンでもよいが、ホームボタンを押せばそのままロック解除も行えるのでスムーズだ。

＞ iPhoneの電源を オン／オフする

電源オン時にサイドボタンを1〜2秒長押しすると、このような画面が表示される。この部分を右へスライドすると電源をオフにできる

消灯時にサイドボタンを押しても画面が表示されない時は、電源がオフになっている。サイドボタンを2〜3秒長押ししてアップルマークが表示されたら、電源がオンになる。電源オン時に長押しするとオフにできる。

＞ 指を当てて ロックを解除

スイッチをオンにする

「設定」の「アクセシビリティ」→「ホームボタン」で「指を当てて開く」をオンにしておけば、ロック画面でホームボタンを押し込まなくても、指を当てるだけでロック解除が可能になる。

＞ 音量調節ボタンで サウンドを操作する

ボタンを操作すると、画面左端に音量が表示される

本体左側面にある音量調節ボタンで、音楽や動画の音量をコントロールできる。また、通話中（電話だけではなくFaceTimeやLINEなども）は、通話音量もコントロールできる。

＞ 音量調節ボタンで通知音 や着信音を操作する

スライダを操作。下のスイッチをオンにすれば、本体の音量調節ボタンで通知音や着信音も 操作可能になる

ボタンを操作すると、画面上部に通知音や着信音の音量が表示される。なお、音楽や動画再生中は、メディアの音量調整が優先される

通知音や着信音の音量を変更したい場合は、「設定」→「サウンドと触覚」でスライダを操作しよう。本体の音量調節ボタンで操作できるようにしたい場合は、スライダ下の「ボタンで変更」スイッチをオンにする必要がある。

＞ 消音モードを 有効にする

iPhone 15 Proシリーズの場合は、本体左側面のアクションボタンを長押し。それ以外の機種では、本体左側面の着信／サイレントスイッチをオレンジの表示側にすれば、消音モードになる。コントロールセンター（P024で解説）でもオン／オフを切り替えられる。なお、アクションボタンを長押しして消音にならない場合は、設定を変更しよう（P089で解説）

電話の着信音やメールなどの通知音を一時的に鳴らしたくない場合は、消音モードを利用しよう。iPhone 15 Proシリーズの場合はアクションボタン、それ以外の機種は着信／サイレントスイッチで消音モードを有効にする。

タッチパネルの操作方法を
しっかり覚えよう

前のページで解説したボタンやスイッチ以外のすべての操作は、タッチパネル（画面）に指で触れて行う。
ただタッチするだけではなく、画面をなぞったり2本指を使うことで、さまざまな操作を行うことが可能だ。

操作名もきっちり覚えておこう

　電話のダイヤル操作やアプリの起動、文字の入力、設定のオン／オフなど、iPhoneのほとんどの操作はタッチパネル（画面）で行う。最もよく使う、画面を指先で1度タッチする操作を「タップ」と呼ぶ。タッチした状態で画面をなぞる「スワイプ」、画面をタッチした2本指を開いたり閉じたりする「ピンチアウト／ピンチイン」など、ここで紹介する操作を覚えておけば、どんなアプリでも対応可能だ。iPhone以外のスマートフォンやタブレットを使ったことのあるユーザーなら、まったく同じ動作で操作できるので迷うことはないはずだ。本書では、ここで紹介する「タップ」や「スワイプ」といった操作名を頻繁に使って手順を解説しているので、必ず覚えておこう。

section

1

iPhone
スタート
ガイド

必ず覚えておきたい9つのタッチ操作

タッチ操作❶
タップ

トンッと軽くタッチ
画面を1本指で軽くタッチする操作。ホーム画面でアプリを起動したり、画面上のボタンやメニューの選択、キーボードでの文字入力などを行う、基本中の基本操作法。

タッチ操作❷
ロングタップ

1〜2秒程度タッチし続ける
画面を1〜2秒間タッチし続ける操作。ホーム画面でアプリをロングタップするとメニューが表示される他、Safariのリンクやメールをロングタップすると、プレビューで内容を確認できる。

タッチ操作❸
スワイプ

画面を指でなぞる
画面をさまざまな方向へ「なぞる」操作。ホーム画面を左右にスワイプしてページを切り替えたり、マップの表示エリアを移動する際など、頻繁に使用する操作法。

POINT

タッチの反応を調整する

手の震えや手先の器用さの問題でタッチ操作しづらい場合は、タッチスクリーンの反応を調整することができる。「設定」→「アクセシビリティ」→「タッチ」→「タッチ調整」で「タッチ調整」をオンにし、「保持継続時間」や「繰り返しを無視」などの項目を設定しよう。「保持継続時間」をオンにすると、表示された秒数の間タッチし続けないと反応しなくなるので注意しよう。

タッチ操作❹
フリック

タッチしてはじく
画面をタッチしてそのまま「はじく」操作。「スワイプ」とは異なり、はじく強さの加減よって、勢いを付けた画面操作が可能。ゲームでもよく使用する操作法だ。

タッチ操作❺
ドラッグ

押さえたまま動かす
画面上のアイコンなどを押さえたまま、指を離さず動かす操作。ホーム画面を編集モードにした上で（P022で解説）アプリをロングタップし、そのまま動かせば、位置を変更可能。文章の選択にも使用する。

タッチ操作❻
ピンチアウト／ピンチイン

2本指を広げる／狭める
画面を2本の指（基本的には人差し指と親指）でタッチし、指の間を広げたり（ピンチアウト）狭めたり（ピンチイン）する操作法。主に画面表示の拡大／縮小で使用する。

タッチ操作❼
ダブルタップ

軽く2回連続タッチ
タップを2回連続して行う操作。素早く行わないと、通常の「タップ」と認識されることがあるので要注意。画面の拡大や縮小表示に利用する以外は、あまり使わない操作だ。

タッチ操作❽
2本指の操作❶

スワイプや画面を回転
マップを2本指でタッチし、回転させて表示角度を変えたり、2本指でタッチし上下へスワイプして立体的に表示することが可能。アプリによって2本指操作が使える場合がある。

タッチ操作❾
2本指の操作❷

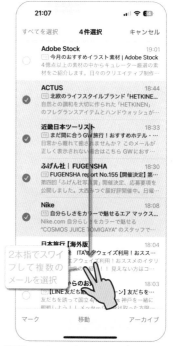

複数アイテムをスワイプ
標準のメールアプリやファイルアプリなどでは、2本指のスワイプで複数のアイテムを素早く選択することができる。選択状態で再度スワイプすると、選択を解除できる。

ホーム画面の仕組みと さまざまな操作方法

iPhoneの電源をオンにし、画面ロックを解除するとまず表示されるのが「ホーム画面」だ。ホーム画面には、インストールされているアプリやウィジェットが並んでいる。また、各種情報の表示や、さまざまなツールを引き出して利用可能だ。

■ ホーム画面は複数のページで構成される

ホーム画面は、インストール中のアプリが配置され、必要に応じてタップして起動する基本画面。横4列×縦6段で最大24個（後述の「ドック」を含めると最大28個）のアプリやフォルダを配置でき、画面を左右にスワイプすれば、複数のページを切り替えて利用できる。ページの入れ替えも可能だ。その他にもさまざまな機能を持っており、画面上部の「ステータスバー」では、現在時刻をはじめ、電波状況やバッテリー残量、有効になっている機能などを確認できる。また、「アプリライブラリ」というアプリの格納、管理画面も活用したい。アプリライブラリは、iPhoneにインストール中の全アプリが表示される画面。あまり使わないアプリも、アンインストール（削除）しないままホーム画面から取り除き、アプリライブラリにだけ残しておくという管理の仕方も可能だ。仕組みをしっかり理解して、ホーム画面を効率的に整理しよう。

ホーム画面の基本構成

ステータスバーで各種情報を確認

画面上部のエリアを「ステータスバー」と呼び、時刻や電波状況に加え、Wi-FiやBluetoothなどの有効な機能がステータスアイコンとして表示される。iPhone 15シリーズなどのフルディスプレイモデルは中央にパンチホールやノッチ（切り欠き）の黒いエリアがあるため、全てのステータスアイコンを確認するには、画面右上から下へスワイプしてコントロールセンター（P024で解説）を表示する必要がある。主なステータスアイコンは、P023で解説している。

いつでもすぐにホーム画面を表示

iPhone 15などのフルディスプレイモデル

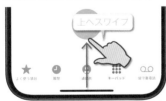

iPhone 15シリーズなどのフルディスプレイモデルでは、画面の下端から上方向へスワイプすると、どんなアプリを使用中でもホーム画面へ戻ることができる。ホーム画面のページを切り替えている際も、素早く1ページ目を表示可能。

ホームボタンを搭載したiPhone SE

iPhone SEでは、ホームボタンを押せばホーム画面へ戻ることができる。

パネル上のツール「ウィジェット」についてはP024以降で解説

iPhone 15シリーズなどでは「検索」ボタンが表示され、タップすれば「Spotlight検索」機能を利用できる（P043で解説）

よく使うアプリをドックに配置

画面下部にある「ドック」は、ホーム画面をスワイプしてページを切り替えても、固定されたまま表示されるエリア。「電話」や「Safari」など4つのアプリが登録されているが、他のアプリやフォルダに変更可能だ。

複数のページを切り替えて利用

ホーム画面は、左右にスワイプして複数のページを切り替えて利用できる。ページの追加も可能だ。ジャンルごとにアプリを振り分けたり、よく使うアプリを1ページ目にまとめるなど工夫しよう。

アプリライブラリ

ホーム画面を左へスワイプしていくと、一番右に「アプリライブラリ」が表示される。iPhoneにインストールされているすべてのアプリを自動的にジャンル分けして管理する機能で、アプリの検索も行える。詳しくはP022で解説している。

POINT

「設定」もアプリとして ホーム画面に配置

ホーム画面にあらかじめ配置されている「設定」をタップすると、通信、画面、サウンドをはじめとするさまざまな設定項目を確認、変更することができる。

設定

アプリの起動や終了方法

1 利用したいアプリの アイコンをタップする

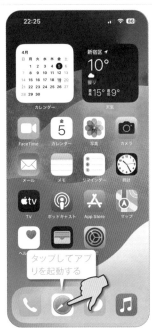

タップしてアプリを起動する

ホーム画面のアプリをタップ。起動してすぐに利用できる。手始めにWebサイトを閲覧するWebブラウザ「Safari」を起動してみよう。アプリは「App Store」からインストールすることもできる（P030で解説）。

2 即座にアプリが起動し さまざまな機能を利用可能

Safariが起動した。画面下部の検索フィールドにキーワードを入力してGoogle検索を行うか、直接URLを入力してサイトへアクセスできる

即座にアプリが起動して、さまざまな機能を利用できる。アプリを終了する際は、左ページで紹介した操作法でホーム画面に戻るだけでよい。多くのアプリは、再び起動すると、終了した時点の画面から操作を再開できる。

3 バックグラウンドで 動作し続けるアプリ

「ミュージック」で音楽を再生中にホーム画面に戻っても、そのまま再生が継続される

「ミュージック」アプリなど、利用中にホーム画面に戻っても、動作が引き続きバックグラウンドで継続されるアプリもあるので注意しよう。電話アプリも、通話中にホーム画面に戻ってもそのまま通話が継続される。

5 アプリスイッチャーで 素早くアプリを切り替える

iPhone 15シリーズなど
フルディスプレイモデル

上へスワイプして途中で止める

ホームボタンを搭載した
iPhone SE

ホームボタンを素早く2回押す

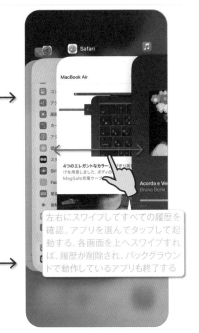

左右にスワイプしてすべての履歴を確認。アプリを選んでタップして起動する。各画面を上へスワイプすれば、履歴が削除され、バックグラウンドで動作しているアプリも終了する

「アプリスイッチャー」を利用すれば、カードのように表示されたアプリの使用履歴から、もう一度使いたいものを選んで素早く起動できる。iPhone 15シリーズなどフルディスプレイモデルの場合は、画面下端から上へスワイプし、途中で指を止める。ホームボタンを搭載したiPhone SEの場合は、ホームボタンを素早く2回押して「アプリスイッチャー」を表示する。

POINT

ひとつ前に使った アプリを素早く表示

iPhone 15などのフルディスプレイモデルでは、画面下の縁を右へスワイプすると、ひとつ前に使ったアプリを素早く表示できる。さらに右へスワイプして、過去に使ったアプリを順に表示可能だ。右にスワイプした後、すぐに左へスワイプすると、元のアプリへ戻ることもできる。

画面下の縁を右へスワイプ

ホーム画面の各種操作方法

1 アプリの移動や削除を可能な状態にする

「ホーム画面を編集」をタップ

アプリが振動し、移動や削除が可能な状態になる。ホーム画面の何もない箇所をロングタップしてもよい

適当なアプリをロングタップして表示されるメニューで「ホーム画面を編集」をタップ。するとアプリが振動し、移動や削除が可能な編集モードになる。なお、ホーム画面の何もない箇所をロングタップしても編集モードにすることができる。

2 アプリを移動して配置を変更する

ドラッグで移動。ドックのアプリも移動させて入れ替えることができる。右にページがない場合は、アプリを画面の右端へ持って行き、新たなページを作成することもできる

アプリが振動した状態になると、ドラッグして移動可能だ。画面の端に持って行くと、隣のページに移動させることもできる。配置変更が完了したら、画面右上の「完了」をタップ（iPhone SEはホームボタンを押す）。

3 複数のアプリをまとめて移動させる

ドラッグして少し移動させる

指を離さず、まとめて移動させたい他のアプリをタップしていくと、ひとつに集まってくる

アプリを編集可能な状態にし、移動させたいアプリのひとつを少しドラッグする。指を離さないまま別の指で他のアプリをタップすると、アプリがひとつに集まり、まとめて移動させることが可能だ。

4 フォルダを作成しアプリを整理する

ドラッグしてアプリを重ねる

アプリをドラッグして別のアプリに重ねると、フォルダが作成され複数のアプリを格納できる。ホーム画面の整理に役立てよう。フォルダを開いて、フォルダ名部分をロングタップすると、フォルダ名も自由に変更できる。

5 アプリライブラリですべてのアプリを確認

アプリは自動的にカテゴリに分類される。小さいアイコンが4つ並んだ部分をタップすると、そのカテゴリの全アプリを一覧できる

ホーム画面を一番右までスワイプして「アプリライブラリ」を表示。インストール中の全アプリをカテゴリ別に確認可能だ。ホーム画面のアプリは削除して、アプリライブラリだけに残すといった管理も行える（P023で解説）。

6 アプリライブラリでアプリを検索する

アプリ名はもちろん、「カメラ」や「動画」といった機能やジャンルでも検索可能だ

アプリライブラリ上部の検索欄をタップすると、キーワード検索で目的のアプリを探し出せる。また、検索欄をタップした段階で、全アプリがアルファベット順、続けて五十音順に一覧表示されるので、そこから探してもよい。

7　アプリをiPhoneから アンインストール（削除）

「アプリを削除」をタップし、次の画面でもう一度「アプリを削除」をタップ。削除したアプリは、App Storeから再インストールできる（P030で解説）

編集モードで「ー」をタップ。続けて「アプリを削除」をタップ。複数のアプリを削除したい時はこの方法がおすすめ

アプリをロングタップして表示されるメニューで「アプリを削除」を選べば、そのアプリをiPhoneから削除できる。また、前述の手順1の操作で編集モードにした後、アイコン左上の「ー」をタップすることでも削除できる。

8　アプリをホーム画面 から取り除く

アプリをロングタップして表示されるメニューで「アプリを削除」をタップ。続けて「ホーム画面から取り除く」をタップする。また、ホーム画面の編集モードで、アイコン左上の「ー」をタップし、続けて「ホーム画面から取り除く」をタップしてもよい

アプリは、iPhoneからアンインストールしないでホーム画面から取り除くこともできる。取り除かれたアプリの本体はアプリライブラリに残っているので、いつでもホーム画面に再追加することができる。

9　アプリライブラリから アプリを追加する

ロングタップして「ホーム画面に追加」をタップ。検索結果からアプリ名をドラッグしてもよい

アプリライブラリでアプリをロングタップし、「ホーム画面に追加」を選べば、アプリライブラリにあるアプリをホーム画面に追加できる。また、アプリライブラリのアプリをホーム画面へドラッグして追加する方法もある。

10　ホーム画面の ページを編集する

適当なアプリをロングタップして「ホーム画面を編集」を選ぶか、ホーム画面の何もない箇所をロングタップして編集モードにする。続けて画面下部のドット部分をタップ

アプリをどんどんインストールすると、ホーム画面のページも増えていきがちだ。各ページは、表示の順序を入れ替えたり非表示にすることもできる。

ドラッグして順番を入れ替える。また、チェックマークを外してページを非表示にする

ページの編集画面が表示される。各ページをドラッグして順番を変更可能だ。また、チェックマークを外したページを非表示にできる。編集が終わったら、画面右上の「完了」をタップするかホームボタンを押そう

11　主なステータスアイコン の意味を理解しよう

ステータスバーに表示される主なステータスアイコンの意味を覚えておこう。

 モバイルデータ通信接続中

 Wi-Fi接続中

 位置情報サービス利用中

 画面の向きをロック中

 機内モードがオン

 アラーム設定中

 おやすみモード設定中

 パソコンと同期中

 ヘッドホン接続中

コントロールセンターや通知センター、ウィジェットを利用する

Wi-Fiなどの通信機能や機内モード、画面の明るさなどを素早く操作できる「コントロールセンター」、
各種通知をまとめてチェックできる「通知センター」、アプリの情報やツールを表示できる「ウィジェット」をまとめて解説。

よく使う機能や情報に素早くアクセス

iPhoneには、よく使う機能や設定、頻繁に確認したい情報などに素早くアクセスできる便利なツールが備わっている。Wi-FiやBluetoothの接続／切断、機内モードや画面縦向きロックを利用したい時は、「設定」アプリでメニューを探す必要はなく、画面右上や下から「コントロールセンター」を引き出せばよい。ボタンをタップするだけで機能や設定をオン／オフ可能だ。また、画面の上から引き出し、メールやメッセージの受信、電話の着信、今日の予定などの通知をまとめて一覧し、確認できる「通知センター」も便利。さらに、ホーム画面の1ページ目を右にスワイプして表示できる「今日の表示」画面。これは、アプリの情報を表示したり、アプリの持つ機能を手早く起動できるパネル型ツール「ウィジェット」を表示するための専用の画面だ。ウィジェットは、ホーム画面やロック画面上にも配置することが可能だ。

ホーム画面をスワイプして表示する各ツールの表示方法

画面左上や中央上から下へスワイプ
通知センター

ホーム画面やアプリ使用中に、画面の左上や中央上から下へスワイプして引き出せる「通知センター」。アプリの過去の通知をまとめて一覧表示できる。通知をタップすれば該当アプリが起動する。また、通知は個別に（またはまとめて）消去可能。なお、通知センターへ通知を表示するかどうかは、アプリごとに設定できる。

フルディスプレイモデルでの表示方法

画面右上から下へスワイプ
コントロールセンター

ホーム画面やロック画面、アプリ使用中に、画面右上から下へスワイプすると「コントロールセンター」を表示できる。なお、「設定」→「コントロールセンター」で、表示内容をカスタマイズできる。

コントロールセンターの機能

❶ 左上から時計回りに機内モード、モバイルデータ通信、Bluetooth、Wi-Fi。BluetoothとWi-Fiは通信機能自体のオン／オフではなく、現在の接続先との接続／切断を行える。

❷ ミュージックコントロール。ミュージックアプリの再生、停止、曲送り／戻しの操作を行える。

❸ 左が画面の向きロック、右が消音モード（もしくは画面ミラーリング）

❹ 集中モード。シーンに合わせて通知をカスタマイズできる。

❺ 左が画面の明るさ調整、右が音量調整。

❻ 左からフラッシュライト、タイマー、計算機、カメラ。さらに各種ボタンが表示されている場合もある。

画面を右へスワイプ
今日の表示

ホーム画面の1ページ目やロック画面で、右へスワイプすると、ウィジェットが並んだ「今日の表示」が表示される。ウィジェットは各アプリに付随する機能。標準ではカレンダーや天気などのウィジェットが配置されているが、自由に編集可能だ。アプリ使用中に表示させたい場合は、通知センターで右スワイプすればよい。

iPhone SEでの表示方法

ウィジェットはホーム画面にも配置できる

画面上から下へスワイプ
通知センター

画面を右へスワイプ
ウィジェット

画面下から上へスワイプ
コントロールセンター

通知センターとコントロールセンターの操作方法

1 各ツールをロック中でも利用する

ロック中でもスワイプで表示。ロック中に各ツールを表示したくない場合は、「設定」→「Face ID（Touch ID）とパスコード」の「ロック中にアクセスを許可」欄で各スイッチをオフにする

通知センター、今日の表示、コントロールセンターは、ロック中でも表示できる。ただし通知センターの表示方法はホーム画面での操作と異なり、画面の適当な部分を上へスワイプする。

2 通知センターの表示設定を行う

チェックを入れて表示。通知が増えすぎないよう取捨選択しよう

通知のグループ化は、「自動」か「アプリ別」、「オフ」から選択。オフにするとグループ化されず個別に一覧表示される

通知センターに通知を表示するかどうかは、アプリごとに設定できる。「設定」→「通知」でアプリを選び、「通知センター」にチェックを入れれば表示が有効になる。また、通知のグループ化設定も行える。

3 通知センターで通知を操作する

通知をタップすれば、該当アプリが起動して内容を確認できる

アプリによってはロングタップで内容を表示可能。電話やメッセージは、この画面からかけ直したり返信したりできる

通知センターの各通知をタップすれば、該当のアプリが起動し内容を確認できる。また、アプリによっては、通知をロングタップすることで、通知センター上で詳しい内容を確認可能だ。

4 通知センターの通知の消去とオプション機能

左にスワイプし、続けて「消去」をタップし通知を消去

左にスワイプして「オプション」をタップ。メニューで通知の一定時間停止などを設定できる

各通知を左へスワイプし、「消去」をタップすれば、その通知を消去できる。通知センター右上の「×」をタップすれば、全通知をまとめて消去可能。また、「オプション」では、通知の一時停止や通知をオフにすることができる。

5 コントロールセンターをプレスする

左上の4つのボタンをロングタップすると、さらに2つの機能が追加表示される

コントロールセンターの各コントロールをロングタップすると、隠れた機能を表示できる。左上の4つのボタンをロングタップすると、AirDropとインターネット共有のボタンが表示。ほかのコントロールでも試してみよう。

6 コントロールセンターをカスタマイズする

表示中の機能の「−」をタップで非表示に。「コントロールを追加」から機能を選んで、「＋」で追加する

コントロールセンターは一部カスタマイズ可能だ。「設定」→「コントロールセンター」で「ストップウォッチ」や「拡大鏡」といったさまざまな機能を追加できる。

ウィジェットの設定と操作方法

1 編集モードにして ウィジェットを管理する

アプリと同様、ウィジェットも画面を編集モードにして移動や追加、削除を行う。アプリかウィジェットをロングタップして「ホーム画面を編集」をタップするか、画面の何もない箇所をロングタップしよう。

2 画面にウィジェットを 追加する

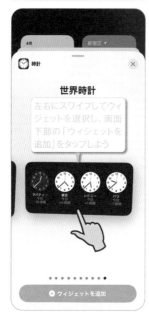

ホーム画面や今日の表示画面を編集モードにし、左上に表示される「+」をタップ。ウィジェットを備えたアプリ一覧が表示されるので、使いたいものをタップする。次の画面でウィジェットのサイズや機能を選択しよう。

3 ウィジェットが 配置された

ウィジェットが画面に配置された。画面を編集モードにすれば、ドラッグして移動させることもできる。また、編集モードでウィジェット左上の「−」をタップすれば削除できる。

4 ウィジェットの機能 を設定する

ウィジェットによっては、配置後に設定が必要なものがある。ウィジェットをロングタップして「ウィジェットを編集」をタップして設定画面を開こう。

5 ウィジェットスタック を作成する

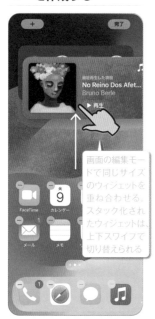

同じサイズのウィジェット同士を重ねることでウィジェットスタックを作成できる。ひとつ分のスペースで複数のウィジェットを利用できる便利な機能だ。

6 ウィジェットスタック を編集する

ウィジェットスタックをロングタップし、続けて「スタックを編集」をタップすれば、スタック内のウィジェットを並べ替えたり削除することができる。

7 ウィジェットスタック の便利な機能

ウィジェットスタックの「スマートローテーション」機能は、状況に応じて最適なウィジェットが自動で表示される機能。「ウィジェットの提案」は、ユーザーが必要としていそうなウィジェットを自動追加してくれる機能だ。

8 スマートスタック を配置する

ウィジェット選択画面にある「スマートスタック」は、ユーザーに最適なウィジェットがあらかじめ自動でセレクトされたウィジェットスタックだ。

さまざまな通知の方法を適切に設定する

メールやメッセージの受信をはじめ、カレンダーやSNSなどさまざまなアプリの新着情報を知らせてくれる通知機能。通知の方法も画面表示やサウンドなど複数用意されているので、あらかじめ適切に設定しておこう。

まずは不要な通知をオフにしよう

通知機能はなくてはなくてはならない機能だが、きちんと設定しておかないとやたらと鳴る通知音やバナー表示にわずらわされることも多い。不要な通知が多いと、本来必要な通知への対応もおざなりになりがちだ。そこで、通知設定の第一歩として、通知が不要なアプリを洗い出し、通知を無効にしておこう。通知が

必要なアプリについても、バナーやサウンド、バッジなど多岐にわたる通知方法を重要度によって取捨選択したり、人に見られたくないものはロック画面に表示させないなど、きめ細かく設定しておきたい。最低限通知があることだけわかればよいのならバッジだけを有効にしたり、リアルタイムに反応する必要がないものは通知センターだけに表示するなど、柔軟に設定していこう。なお、すべての通知設定は、「設定」→「通知」で行う。

通知項目を理解し設定していく

5つの通知項目を確認し設定する

通知は「設定」→「通知」でアプリを選んで設定する。通知の手段は主に右の5つだ。また、通知センターやバナーにメール本文などの内容の一部をプレビュー表示するかどうかも設定可能。通知が増えすぎるとわずらわしい上、重要な通知も見逃してしまうので、まずは通知が不要なアプリの「通知を許可」をオフにすることからはじめよう。

「即時通知」をオンにしたアプリの通知は、「集中モード」（P097で解説）有効時もすぐに通知される。即時通知の設定は対応アプリのみで利用可能だ

❶ロック画面

「設定」→「通知」の「表示形式」欄が「件数」になっていると、通知の件数しか表示されないので要注意

「ロック画面」を有効にすると、画面ロック中でもロック画面に通知が表示される。画面消灯時に通知があると、画面が点灯し通知が表示される。プレビュー表示が「常に」だと、ロック画面にもメールなどの内容の一部が表示されるので注意が必要だ。

❷通知センター

通知センターに通知を表示したい場合はチェックを有効にする。通知センターの詳しい操作法はP024～025で解説している。バナーやサウンドを使いつつ、気付かなかった場合の補助的な役割として通知センターを有効にしておくといった設定がおすすめだ。

❸バナー

タップしてアプリを開く。上にフリックして通知を消去

有効にすると、このように画面上部にバナー表示で通知してくれる。また、バナースタイルを「一時的」にすると、バナーは数秒で自動的に消える。「持続的」にすると、何らかの操作を行わない限り表示され続ける。重要なアプリは、「持続的」に設定しておこう。

❹サウンド

通知音を鳴らしたい場合はスイッチをオンに。メールやメッセージなど一部アプリは音の種類の変更も可能だ（これらのアプリで通知音をオフにするには「なし」を選択）。その他のアプリでは通知音の変更はできないが、一部のアプリでは「○○の通知設定」というメニューが表示され、アプリ内の通知設定へ移動し通知音を選べる場合もある。

❺バッジ

8件の未読メールがある

スイッチをオンにすると、ホーム画面のアプリアイコンの右上に赤い丸で通知を知らせてくれる。また、バッジの数字は未確認の通知件数で、例えばメールの場合は未読メールの数が表示される。通知の有無だけを知りたいなら、バッジのみ有効にしてもよい。

POINT

指定時刻に通知をまとめて受け取る

要約を配信する時刻を複数設定できる

「設定」→「通知」→「時刻指定要約」を有効にすると、選択したアプリの通知が指定時刻にまとめて配信されるようになる。1日に何回通知するかも設定可能だ。

壁紙の変更と
ロック画面のカスタマイズ

ロック画面やホーム画面では自分で好きな画像や写真を壁紙に設定できるほか、ロック画面にウィジェットを
配置して今日のニュースや天気を素早くチェックできる。それぞれのカスタマイズ方法を知っておこう。

自分好みのロック画面に仕上げよう

ロック画面やホーム画面の壁紙は自分で好きなものに変更できる。iPhoneにはじめから用意されている画像だけでなく、自分で撮影した写真やダウンロードした画像を設定することも可能だ。まずは「設定」→「壁紙」をタップするか、ロック画面をロングタップして編集モードにし、ロック画面とホーム画面の壁紙のセットを追加しておこう。ロック画面とホーム画面は同じ壁紙でもいいし、別々の写真やイメージを設定することもできる。複数のセットを追加しておけるので、気分に応じて切り替えて利用しよう。さらに、ロック画面には「ウィジェット」（P024で解説）も配置できるようになっている。標準アプリだけでなく他社製アプリのウィジェットも数多く対応しており、ロックを解除することなく天気やカレンダーの予定、乗換案内などの情報を素早くチェックすることが可能だ。ウィジェットは時計の上にひとつ、時計の下に最大4つまで配置できる。

section

1

**iPhone
スタート
ガイド**

新しい壁紙とロック画面を作成する

ロック画面とホーム画面はワンセット

ロック画面とホーム画面の壁紙は、ワンセットで追加や設定、管理を行う仕組みになっている。デザインやウィジェットを変えて複数のセットを設定しておき、気分や利用シーンに合わせて切り替えよう。なお、削除する際もセットで削除されるので注意が必要だ。ここではまず、ロック画面とホーム画面で同じ壁紙を設定する基本手順を解説する。

ロック画面では、壁紙の変更はもちろん、ウィジェットの配置や時刻の書体変更も行える

ワンセットになっている

ホーム画面にはロック画面とは異なる壁紙を設定することも可能

ロック画面　　**ホーム画面**

1 新しい壁紙を追加する

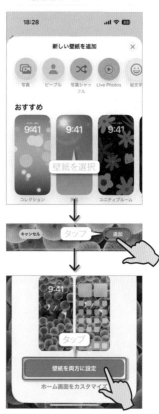

まずは「設定」→「壁紙」で「新しい壁紙を追加」をタップしよう。なお、複数の壁紙セットを設定している場合は、壁紙セットを左右にスワイプして選択し「現在の壁紙に設定」で切り替えできる。

2 壁紙を選択して設定する

ジャンル分けされた各種イメージから好みのものを選択し「追加」をタップ。続けて「壁紙を両方に設定」をタップすれば、ロック画面とホーム画面の壁紙がまとめて変更される。

ロック画面とホーム画面のカスタマイズ方法

1 ホーム画面の壁紙を別のものに変更する

カラーやグラデーション、写真から他の壁紙に変更しよう。「ぼかし」をオンにすると壁紙にぼかしが加えられる。「ペアリング」を選択するとロック画面と同じ壁紙に戻る

ホーム画面の壁紙をロック画面とは異なるものにしたい場合は、「設定」→「壁紙」で、ホーム画面側の「カスタマイズ」をタップ。下部のメニューでカラーやグラデーション、写真から選択できる。

2 自分で撮影した写真を壁紙に設定する

「すべて」をタップすると、写真アプリ内のすべての写真が一覧表示され壁紙として選択できる

壁紙の選択画面で上部の「写真」をタップすると、自分で撮影した写真やダウンロードした画像（著作権に注意）から選んで、壁紙に設定することが可能だ。

3 時間に応じて壁紙を自動切り替え

シャッフル表示する写真は、ピープルや自然、都市などおすすめの写真か、作成済みのアルバムから選ぼう。「写真を手動で選択」で好きな写真を手動で選べる。「シャッフルの頻度」をタップすると、写真が切り替わるタイミングをタップ時、ロック時、1時間ごと、毎日から選択できる

壁紙の選択画面で上部の「写真シャッフル」をタップすると、一定時間ごとに自動で写真が切り替わる壁紙を設定できる。切り替わる写真はテーマやアルバムから選択できるほか、手動選択も可能だ。

4 ロック画面にウィジェットを配置

時刻の上の日付部分か、時刻の下にあるウィジェット追加欄をタップ。ウィジェットを追加済みで空きスペースがない場合は、「−」をタップするとウィジェットを削除できる

下部のウィジェット一覧から追加したいものを選択する

「設定」→「壁紙」で、ロック画面側の「カスタマイズ」をタップすると、ロック画面の編集モードになる。ロック画面では、時刻の上にひとつ、時刻の下に最大4つまでウィジェットを配置できる。

5 時計の表示スタイルを変更する

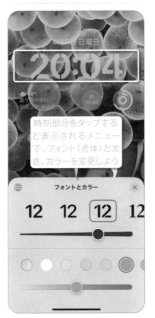

時刻部分をタップすると表示されるメニューで、フォント（書体）と太さ、カラーを変更しよう

ロック画面の時刻表示もカスタマイズ可能だ。「設定」→「壁紙」で、ロック画面側の「カスタマイズ」をタップ。編集画面で時刻部分をタップすれば、フォントや太さ、カラーを変更できる。

6 ロック画面からカスタマイズを開始

ロック画面をロングタップ。この画面を左右にスワイプして、壁紙を切り替えることもできる

ロック画面をロングタップして、画面下部の「カスタマイズ」をタップすることでも、壁紙やウィジェットの編集を行える。また、画面右下の「+」をタップすれば、新たな壁紙を設定可能だ。

7 壁紙の削除はロック画面で行う

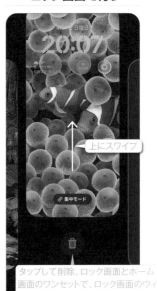

上にスワイプ

タップして削除。ロック画面とホーム画面のワンセットで、ロック画面のウィジェットの設定も含めて削除される

ロック画面をロングタップし、次の画面で左右にスワイプして削除したい壁紙を表示。上へスワイプして表示されるゴミ箱ボタンをタップすれば壁紙を削除できる。

App StoreからiPhoneにアプリをインストールする

iPhoneにはあらかじめ電話やメールなど必須の機能を備えたアプリがインストールされているが、
さらにApp Sroreというアプリ配信ストアから、世界中で開発された多種多様なアプリを入手できる。

まずは無料アプリから試してみよう

iPhoneのほとんどの機能は、アプリによって提供されている。多彩なアプリを入手して、iPhoneでできることをどんどん増やしていこう。iPhoneのアプリはApp Storeという配信ストアからインストールする。このApp Store自体も、アプリとしてあらかじめホーム画面に配置されている。App Storeの利用には、Apple IDが必須だ。まだ持っていない場合は、P011の記事を参考に新規作成し、サインインしておこう。アプリは無料のものと有料のものがある。ほとんどのジャンルで無料のアプリも数多く配信されているので、手始めに無料アプリから試してみよう。なお、一度インストールしたアプリをアンインストール（削除）しても、再インストールの際には料金を支払う必要はない。機種を変更しても、同じApple IDでサインインすれば無料でインストール可能だ。ここでは、アプリの探し方からインストール手順までまとめて解説する。

App Storeで欲しいアプリを検索する

1 キーワード検索でアプリを探す

App Storeを起動して、欲しいアプリを探そう。目当てのアプリ名や、必要な機能がある場合は、画面下部の一番右にある「検索」をタップしてキーワード検索を行う。アプリ名はもちろん、「ノート」や「カメラ」といったジャンル名や機能で検索すれば、該当のアプリが一覧表示される。

2 ランキングからアプリを探す

画面下部の「アプリ」をタップ。「無料アプリランキング」や「有料アプリランキング」の右に表示されている「すべて表示」からランキングを確認できる。ランキング画面右上の「すべてのアプリ」でカテゴリ別ランキングを表示可能。

3 その他のアプリの探し方

画面下部の「Today」では、おすすめのアプリを日替わりで紹介。流行のゲームを探したいなら「ゲーム」画面を開こう。こまめにチェックすれば、人気のアプリをいち早く使い始めることができるはずだ。

4 アプリの評価をチェックする

各アプリのインストールページでは、そのアプリのユーザー評価もチェックできる。目安としては、評価の件数が多く点数も高いものが人気実力揃った優良アプリだ。

5 App Storeの認証を顔や指紋で行う

「設定」→「Face ID（Touch ID）とパスコード」で「iTunes StoreとApp Store」のスイッチをオンに。あらかじめ顔や指紋を登録しておく必要がある

アプリのインストール時には、Apple IDの認証を行わなければならない。いちいちパスワードを入力するのは面倒なので、Face IDやTouch IDで素早く認証できるよう、あらかじめ設定しておこう。

アプリのインストールとアップデート

1 無料アプリをインストールする

「入手」をタップしてインストール。Face IDやTouch ID、パスワードでApple IDの認証を済ませればインストールが開始される

キーワード検索やランキングで見つけたアプリをタップし、詳細画面を開く。詳細画面に「入手」と表示されているものは無料アプリだ。「入手」をタップすればすぐにインストールできる。

2 有料アプリをインストールする

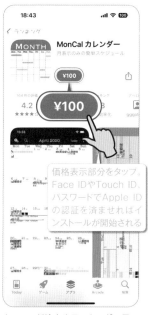

価格表示部分をタップ。Face IDやTouch ID、パスワードでApple IDの認証を済ませればインストールが開始される

キーワード検索やランキングで見つけたアプリをタップし、詳細画面を開く。詳細画面に「¥250」のような価格が表示されているものは有料アプリだ。価格表示部分をタップしてインストールする

3 支払い方法の追加や変更を行う

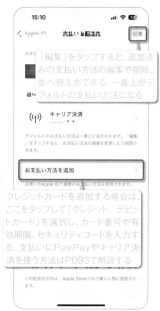

「編集」をタップすると、追加済みの支払い方法の編集や削除、並べ替えができる。一番上がデフォルトの支払い方法になる

クレジットカードを追加する場合はここをタップして「クレジット デビットカード」を選択し、カード番号や有効期限、セキュリティコードを入力する。支払いにPayPayやキャリア決済を使う方法はP093で解説する

有料アプリの支払い方法は、「設定」で一番上のApple IDをタップし、「お支払いと配送先」→「お支払い方法を追加」から追加できる。あらかじめ支払いに使うクレジットカードなどを登録しておこう。

4 アプリをアップデートする

各アプリの「アップデート」をタップ。「すべてをアップデート」をタップしてまとめてアップデートすることもできる

アプリは、不具合の修正や新機能を追加した最新版が時々配信される。App Storeアプリにバッジが表示されたら、数字の本数のアップデートが配信された合図。アップデート画面を開いて最新版に更新しよう。

5 アプリを自動でアップデートする

オンにする。まれにアップデートによって不具合が発生することもある。レビューや評判を確認した上で手動アップデートしたい場合は、このスイッチはオフにしておこう

アプリのアップデートは自動で行うことも可能。「設定」→「App Store」で「アプリのアップデート」のスイッチをオンにしておけば、アプリ更新時に自動でアップデートされる。

6 プリペイドカードで支払う

App Store画面右上のユーザーアイコンをタップし、アカウント画面の「ギフトカードまたはコードを使う」→「カメラで読み取る」をタップしてコードを読み取る

残高はアカウント画面に表示される。金額が表示されない場合は残高がない

コンビニなどで購入できる「Apple Gift Card」を支払いに利用することもできる。購入したカードの裏面に記載されている16桁のコードを、カメラで読み取ってチャージしよう。

POINT

確認しておきたいその他のポイント

アプリがホーム画面で見つからない

インストールしたアプリがホーム画面に見当たらなくても、アプリライブラリには追加されている。インストールと同時にホーム画面にも追加したい場合は、「設定」→「ホーム画面とアプリライブラリ」で「ホーム画面に追加」にチェックを入れておこう。

パスワードで認証する場合の設定

インストール時の認証にFace IDやTouch IDを使わない場合は、パスワードの入力頻度も設定できる。「設定」の一番上からApple ID画面を開き、「メディアと購入」→「パスワードの設定」をタップ。有料アプリ購入時に毎回パスワード入力を要求するか、15分以内にパスワード入力済みならパスワード入力を不要にするかを選択できる。無料アプリの入手にもパスワード入力を要求する場合は、「パスワードを要求」をオンにする。

アプリ内で課金を利用する

アプリ自体は無料でも、追加機能やサブスクリプションへの加入が有料となる「アプリ内課金」というシステムもある。ゲームのアイテム購入もアプリ内課金だ。アプリ内課金の支払い方法やApple ID認証は、アプリインストール時の方法に準ずることになる。

App StoreからiPhoneにアプリをインストールする

iCloudでさまざまなデータを同期&バックアップする

「iCloud（アイクラウド）」とは、iOSに搭載されているクラウドサービスだ。
iPhone内のデータが自動で保存され、いざという時に元通り復元できるので、機能を有効にしておこう。

iPhoneのデータを守る重要なサービス

Apple IDを作成すると、Appleのクラウドサービス「iCloud」を無料で5GBまで利用できるようになる。iCloudの役割は大きく2つ。iPhoneのデータの「同期」と「バックアップ」だ。どちらもiPhoneのデータをiCloud上に保存するための機能だが、下にまとめている通り、対象となるデータが異なる。「同期」は、写真やiCloudメールといった標準アプリと、他社製のiCloud対応アプリのデータを常に最新の状態でiCloud上に保存しておき、同じApple IDを使ったiPadやMacでも同じデータを利用できるようにする機能。「バックアップ」は、同期できないその他のアプリや設定などのデータを、定期的にiCloudにバックアップ保存しておき、いざという時にバックアップした時点の状態に戻せる機能だ。どちらも重要な機能なので、チェックしておくべき項目と設定方法を知っておこう。またiCloudには、紛失したiPhoneの位置を特定したり、遠隔操作で紛失モードにできる、「探す」機能なども含まれる。「探す」機能の設定と使い方については、P111で詳しく解説する。

iCloudの役割を理解しよう

iCloudの各種機能を有効にする

「すべてを表示」でiCloudを利用するアプリや機能が一覧表示される。すべてオンにしておくのが安心だが、「写真」・「このiPhoneを同期」をオンにしてiCloud写真を有効にすると（P075で解説）、写真やビデオがすべてiCloudに保存され無料で使える5GBでは不足する場合が多い。空き容量が足りないときは、機能をオフにするかiCloud容量を追加で購入しよう（P034で解説）

「設定」アプリの一番上に表示されるアカウント名（Apple ID）をタップし、続けて「iCloud」をタップすると、iCloudの使用済み容量を確認したり、iCloudを利用するアプリや機能をオン／オフできる。

iCloudでできること

1 標準アプリとiCloud対応アプリを「同期」する

「同期」とは、iPhoneとiCloudでデータを常に同じ状態にしておく機能。対象となるのは、写真（iCloud写真がオンの時）やiCloud メール、連絡先、iCloudカレンダー、リマインダー、メモ、メッセージなど標準アプリと、iCloud同期に対応する一部の他社製アプリのデータ。これらは常に最新のデータがiCloud上に保存されており、同じApple IDでサインインしたiPad、Macとも同期され各端末で新しいデータを追加・削除すると、iCloud上に保存されたデータもすぐに追加・削除が反映される。

2 その他のデータを「バックアップ」する

「バックアップ」とは、iPhone内のさまざまなデータをiCloud上に適時保存しておく機能。対象となるのは、同期できないアプリやiCloud同期をオフにしたアプリのデータ、通話履歴、デバイスの設定、写真（iCloud写真がオフの時）など。iPhoneが電源およびWi-Fiに接続されている時に、定期的に自動で作成される。バックアップされるのはその時点の最新データなので、あとから追加・削除したデータは反映されない。iCloudバックアップから復元すると、バックアップ時点の状態に戻せる。

POINT

同期はバックアップの役割も兼ねる

常に最新データがiCloudに保存される「同期」と、その他のデータをiCloud上に定期的に保存する「バックアップ」は、役割こそ違うが、どちらもiPhoneの中身をiCloudに保存する機能。「同期」されるデータは、常にiCloud上にバックアップされているのと同じと思ってよい。

1 標準アプリと他社製のiCloud対応アプリを「同期」する

1 同期するアプリを有効にする

「設定」で一番上のApple IDをタップし、「iCloud」→「すべてを表示」タップ。標準アプリや他社製のiCloud対応アプリのスイッチをオンにしておけば同期が有効になり、アプリのデータがiCloudに自動保存される。

> 標準アプリのほかに、画面を下の方にスクロールすると他社製のiCloud対応アプリも同期をオンにできる。ただしオンにしていても、アプリ側でiCloud同期が有料機能になっていれば、購入処理を行わないと実際には同期されない

2 iCloud Driveを有効にした場合

「iCloud Drive」は、他のアプリのファイルを保存できるオンラインストレージだ。オンにしておくと、他のアプリで保存先をiCloudに指定したファイルを同期できるようになる。

> オンにする。iCloud Driveに保存されたファイルは、「ファイル」アプリで確認できる。また、iCloud Driveの同期を有効にすると、ユーザ辞書(P096で解説)も同期される

3 キーチェーンを有効にした場合

「パスワードとキーチェーン」をオンにすると、iPhoneでログインしたWebサービスやアプリのユーザ名とパスワードがiCloudに保存され、同じApple iDの他のデバイスでも利用できる(P091で解説)。

> 「設定」→「パスワード」→「パスワードオプション」→「パスワードとパスキーを自動入力」をオンにしておけば、キーチェーンに保存されたユーザ名とパスワードをログイン時に自動入力できる

4 その他同期されるデータ

iCloudの設定でスイッチをオンにしなくても、iTunes StoreやApp Storeで購入した曲やアプリ、購入したブック、Apple Musicのデータなどは、iCloudで自動的に同期される。

> 一度購入したアプリなどは購入履歴が同期されるので、同じApple IDを使った他のデバイスでも無料でダウンロードできる

5 同期したアプリを他のデバイスで見る

iPadやMacなどでも同じApple IDでサインインし、iCloudで同じ項目の同期を有効にしておこう。写真やiCloudメール、連絡先などのアプリを起動すると、iPhoneとまったく同じ内容が表示される。

> 他のデバイスでもiPhoneと同じ連絡先やブックマーク、メモを利用したり、メール(iCloudメール)を読むことができる。ただしデータを削除すると、同期されたiCloud上はもちろん、全デバイス上で削除される点に注意しよう

6 機種変更した時はどうなる?

バックアップと違って、機種変更したときも特に復元作業は必要ない。同じApple IDでサインインを済ませれば、iCloudで同期した写真やメール、連絡先を元通りに表示できる。

> 同じApple IDでサインインするだけで元の環境に戻る

2 同期できないiPhoneのデータを「バックアップ」する

1 iCloudバックアップのオンを確認する

Apple IDの設定画面で「iCloud」→「iCloudバックアップ」をタップし、スイッチのオンを確認しよう。iPhoneが電源およびWi-Fiに接続されている時に、自動でバックアップを作成するようになる。

2 バックアップするアプリを選択する

Apple IDの設定画面で「iCloud」→「アカウントのストレージを管理」→「バックアップ」→「このiPhone」をタップ。iCloud非対応のアプリやiCloud対応でも同期をオフにしたアプリのスイッチをオンにすると、アプリ内のデータをバックアップ対象にできる。

3 アプリ内のデータは元に戻せる?

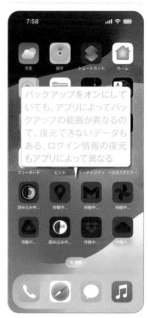

アプリ本体は保存されず、復元後に自動で再インストールされる。アプリ内のデータも元に戻るものが多いが、アプリによっては中身のデータがバックアップに含まれず、復元できないものもある。

4 写真ライブラリのバックアップに注意

iCloud写真がオフの時は「写真ライブラリ」項目が表示され、端末内の写真やビデオをバックアップ対象にできる。ただし、写真をiCloudに保存するなら、iCloud写真を使うほうがおすすめだ。

5 手動で今すぐバックアップする

「iCloud」→「iCloudバックアップ」で「今すぐバックアップを作成」をタップすると、バックアップしたい時に手動ですぐにバックアップを作成できる。前回のバックアップ日時もこの画面で確認できる。

6 バックアップから復元する

iPhoneを初期化したり(P105で解説)、機種変更した時は、初期設定中の「アプリとデータを転送」画面で「iCloudバックアップから」をタップすると、バックアップした時点の状態にiPhoneを復元できる。

7 iCloudの容量を追加購入する

iCloudの容量が無料の5GBでは足りなくなったら、「iCloud」→「アカウントのストレージを管理」→「ストレージプランを変更」をタップして、有料プランでiCloudの容量を増やしておこう。

ロック画面のセキュリティを
しっかり設定しよう

不正アクセスなどに気を付ける前に、まずiPhone自体を勝手に使われないように対策しておくことが重要だ。
画面をロックするパスコードとFace IDやTouch IDは、最初に必ず設定しておこう。

▍顔認証や指紋認証で画面をロック

　iPhoneは、パスコードでロックしておけば他の人に勝手に使われることはない。万が一に備えて、必ず設定しておこう。使う度にパスコード入力を行うのが面倒だという人もいるかもしれないが、iPhoneには顔認証を行える「Face ID」と指紋認証を行える「Touch ID」という機能が備わっている。これらを使えば、毎回のパスコード入力を省略して、画面に顔を向けたりホームボタンに指紋を当てるだけでロックを解除できる。あらかじめ設定しておけば、セキュリティを犠牲にせずスムーズな操作を行えるようになるのだ。Face IDはiPhone SE以外のフルディスプレイモデルで利用でき、Touch IDはホームボタンを搭載したiPhone SEで利用できる。それぞれ下記の手順で設定しておけば、画面を見つめて下から上へスワイプするか、ホームボタンを押すだけでロックを解除できる。なお、顔や指紋を登録する際、合わせてパスコードも登録するので、Face IDやTouch IDが上手く認識しないときはパスコードを使ってロック解除を行うこともできる。

---

iPhone 15など
Face IDを設定する

1 Face IDをセットアップをタップ

画面のロックを顔認証で解除できるようにするには、「設定」→「Face IDとパスコード」→「Face IDをセットアップ」をタップ。

2 枠内で顔を動かしてスキャンする

枠内に顔を合わせつつ、頭を回して顔のすべての角度を読み取る

「開始」をタップし、画面の指示に従って自分の顔を枠内に入れつつ、ゆっくり頭を回すように顔を動かしてスキャンすれば、顔が登録される。iPhone 12シリーズ以降は、続けて「マスク着用時Face ID」を設定すると、マスク着用時でもFace IDでロックを解除できる。メガネをかけている場合は、メガネを外した顔登録も必要。あとから「メガネを追加」で合計4本までメガネを変えて顔登録できる。

---

iPhone SE
Touch IDを設定する

1 指紋を追加をタップする

画面のロックを指紋認証で解除できるようにするには、「設定」→「Touch IDとパスコード」→「指紋を追加」をタップ。

2 ホームボタンに指を置いて指紋を登録

ホームボタンに指を当てて離す作業を繰り返す

画面の指示に従いホームボタンに指を置き、指を当てる、離すという動作を繰り返すと、iPhoneに指紋が登録される。

パスコードを設定する

1 パスコードをオンにするをタップ

Face IDやTouch IDを使わずパスコードでロック解除したい場合は、「設定」→「Face ID（Touch ID）とパスコード」で「パスコードをオンにする」をタップ。

2 6桁の数字でパスコードを設定

パスコードを入力

6桁の数字を2回入力する

6桁の数字を入力してパスコードを設定する。なお、顔や指紋の登録時は合わせてパスコードも設定するので、Face IDやTouch IDで認証を失敗したときも、パスコードでロックを解除できる。

POINT

認証ミスを防ぎ素早くロック解除できる設定

注視を不要にする

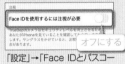

オフにする

「設定」→「Face IDとパスコード」→「Face IDを使用するには注視が必要」をオフにしておけば、画面を見つめなくても素早くロックを解除できる。ただし、寝ている間に悪用される危険があり安全性は下がる。

マスク着用中に顔認証

オンにして顔を登録する

「マスク着用時Face ID」をオンにすると、マスク着用中でも顔認証できる。目元だけで認証するので、普段使うメガネが複数ある場合は「メガネを追加」から登録しておこう。

同じ指紋を複数登録

指紋の認証ミスが多いなら、指紋追加画面で同じ指紋を複数登録しておこう。指紋の認識精度がアップする。

iPhoneの文字入力方法を覚えよう

「日本語-かな」か「日本語-ローマ字」+「英語（日本）」で入力

iPhoneでは文字入力が可能な画面内をタップすると、自動的に画面下部にソフトウェアキーボードが表示される。標準で利用できるのは初期設定（P006から解説）で選択したキーボードになるが、下記解説の通り、後からでも「設定」で自由にキーボードの追加や削除が可能だ。

基本的には、トグル入力やフリック入力に慣れているなら「日本語-かな」キーボード、パソコンのQWERTY配列に慣れているなら「日本語-ローマ字」+「英語（日本）」キーボードの組み合わせ、どちらかで入力するのがおすすめ。あとは、必要に応じて絵文字キーボードも追加しておこう。なお、キーボードの右下にあるマイクのボタンをタップすれば、音声による文字入力を利用できる（P096で解説）。

キーボードを追加する、削除する

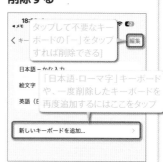

「設定」→「一般」→「キーボード」→「キーボード」で、キーボードの追加と削除が行える。初期設定で「日本語-ローマ字」キーボードを追加していない場合は、「新しいキーボードを追加」→「日本語」→「ローマ字入力」で追加できる。使わないキーボードは削除しておいた方が切り替えの手間が減る。

iPhoneで利用できる標準キーボード

日本語-かな

多くのユーザーが使っている配列のキーボード。「トグル入力」と「フリック入力」の2つの方法で文字を入力できる。

日本語-ローマ字

パソコンのキーボードとほぼ同じ配列のキーボード。キーは小さくなるが、パソコンに慣れている人はこちらの方が入力しやすいだろう。

トグル入力

ガラケーと同様の入力方法で、キーをタップするごとに「あ→い→う→え→お→…」と入力される文字が変わる。

フリック入力

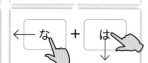

キーを上下左右にフリックした方向で、入力される文字が変わる。キーをロングタップすれば、フリック方向の文字を確認できる。

ローマ字入力

「ni」とタップすれば「に」が入力されるなど、パソコンでの入力と同じローマ字かな変換で日本語を入力できる。

英語（日本）

「日本語-ローマ字」キーボードでは、いちいち変換しないと英字を入力できないので、アルファベットを入力する際はこのキーボードに切り替えよう。

絵文字

さまざまな絵文字をタップするだけで入力できる。人物や身体のパーツの絵文字は、タップすると肌の色を変更できる。

①地球儀と絵文字キーで切り替える
キーボードは、地球儀キーをタップすることで、順番に切り替えることができる。絵文字キーボードに切り替えるには絵文字キーをタップする。

②ロングタップでも切り替え可能
地球儀キーをロングタップすると、利用できるキーボードが一覧表示される。キーボード名をタップすれば、そのキーボードに切り替えできる。

「日本語-かな」での文字
（トグル入力／フリック入力）

「日本語-かな」で濁点や句読点を入力する方法や、
英数字を入力するのに必要な入力モードの
切り替えボタンも覚えておこう。

文字を入力する

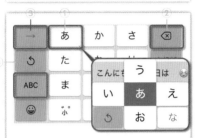

①入力
文字の入力キー。ロングタップするとキーが拡大表示され、フリック入力の方向も確認できる。
②削除
カーソルの左側にある文字を1字削除する。
③文字送り
「ああ」など同じ文字を続けて入力する際に1文字送る。
④逆順
トグル入力時の文字が「う→い→あ」のように逆順で表示される。

濁点や句読点を入力する

①濁点／半濁点／小文字
入力した文字に「゛」や「゜」を付けたり、小さい「っ」などの小文字に変換できる。
②長音符
「わ」行に加え、長音符「ー」もこのキーで入力できる。
③句読点／疑問符／感嘆符
このキーで「、」「。」「?」「!」を入力できる。

文字を変換する

①変換候補
入力した文字の変換候補が表示され、タップすれば変換できる。
②その他の変換候補
タップすれば、その他の変換候補リストが開く。もう一度タップで閉じる。
③次候補／空白
次の変換候補を選択する。確定後は「空白」キーになり全角スペースを入力。
④確定／改行
変換を確定する。確定後は「改行」キー。

アルファベットを入力する

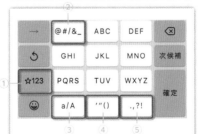

①入力モード切替
日本語入力モードで「ABC」をタップするとアルファベット入力モードになる。
②「@」などの入力
アドレスの入力によく使う「@」「#」「/」「&」「_」記号を入力できる。
③大文字／小文字変換
大文字／小文字に変換する。
④「'」などの入力
「'」「"」「(」「)」記号を入力できる。
⑤ピリオドや疑問符などの入力
「.」「,」「?」「!」を入力できる。

数字や記号を入力する

①入力モード切替
アルファベット入力モードで「☆123」をタップすると数字／記号入力モードになる。
②数字／記号キー
数字のほか、数字キーの下に表示されている各種記号を入力できる。

記号や顔文字を入力する

①顔文字
日本語入力モードで何も文字を入力していないと、顔文字キーが表示され、タップすれば顔文字を入力できる。
②顔文字変換候補
顔文字の変換候補が表示され、タップすれば入力される。
③その他の顔文字変換候補
タップすれば、その他の変換候補リストが開く。もう一度タップで閉じる。

「日本語-ローマ字」「英語（日本）」での文字入力

日本語入力で「日本語-ローマ字」キーボードを
使う場合、アルファベットは「英語（日本）」
キーボードに切り替えて入力しよう。

文字を入力する

こんにちは

①入力
文字の入力キー。「ko」で「こ」が入力され
るなど、ローマ字かな変換で日本語を入力
できる。

②英字入力
ロングタップするとキーが拡大表示され、
半角と全角のアルファベットを入力できる。

③削除
カーソル左側の文字を1字削除する。

濁点や小文字を入力する

がぱぁー|

①濁点／半濁点／小文字
「ga」で「が」、「sha」で「しゃ」など、濁点
／半濁点／小文字はローマ字かな変換
で入力する。また最初に「l（エル）」を付け
れば小文字（「la」で「ぁ」）、同じ子音を連
続入力で最初のキーが「っ」に変換される
（「tta」で「った」）。

②長音符
このキーで長音符「ー」を入力できる。

文字を変換する

①変換候補
入力した文字の変換候補が表示され、
タップすれば変換できる。

②その他の変換候補
タップすれば、その他の変換候補リストが
開く。もう一度タップで閉じる。

③次候補／空白
次の変換候補を選択する。確定後は「空
白」キーになり全角スペースを入力。

④確定／改行
変換を確定する。確定後は「改行」キー。

アルファベットを入力する

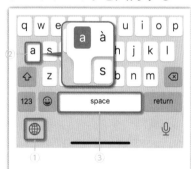

①「英語（日本）」に切り替え
タップ、またはロングタップして「英語（日
本）」（「English（Japan）」と表示される）
キーボードに切り替えると、アルファベット
を入力できる。

②アクセント記号を入力
一部キーは、ロングタップするとアクセント
記号文字のリストが表示される。

③スペースキー
半角スペース（空白）を入力する。ダブル
タップすると「．」（ピリオドと半角スペース）
を自動入力。

シフトキーの使い方

①小文字入力
シフトキーがオフの状態で英字入力すると、
小文字で入力される。

②1字のみ大文字入力
シフトキーを1回タップすると、次に入力し
た英字のみ大文字で入力する。

③常に大文字入力
シフトキーをダブルタップすると、シフトキー
がオンのまま固定され、常に大文字で英
字入力するようになる。もう一度シフトキー
をタップすれば解除され、元のオフの状態
に戻る。

句読点／数字／記号／顔文字

123#+=^_^

①入力モード切替
「123」キーをタップすると数字／記号入
力モードになる。

②他の記号入力モードに切替
タップすると、「#」「+」「=」などその他の
記号の入力モードに変わる。

③句読点／疑問符／感嘆符
「、」「。」「?」「!」を入力できる。英語キー
ボードでは「.」「,」「?」「!」を入力。

④顔文字
日本語-ローマ字キーボードでは、タップす
ると顔文字を入力できる。

「絵文字」での文字入力

キーボード追加画面（P036で解説）で「絵文字」が設定されていれば、「日本語-かな」や「日本語-ローマ字」キーボードに絵文字キーが表示されている。タップすると、「絵文字」キーボードに切り替わる。「スマイリーと人々」「動物と自然」「食べ物と飲み物」など、テーマごとに独自の絵文字が大量に用意されているので、文章を彩るのに活用しよう。

絵文字キーボードの画面の見方

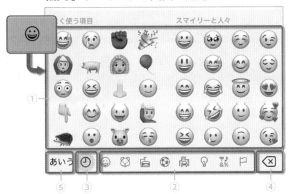

① 絵文字キー
絵文字やアニ文字、ミー文字のステッカーを入力。

② テーマ切り替え
絵文字のテーマを切り替え。左右スワイプでも切り替えできる。

③ よく使う絵文字
よく使う絵文字を表示する。

④ 削除
カーソル左側の文字を1字削除する。

⑤ キーボード切り替え
元のキーボードに戻る

入力した文章を編集する

入力した文章をタップするとカーソルが挿入される。さらにカーソルをタップすると上部にメニューが表示され、範囲選択やカット、コピー、ペーストといった編集を行える。3回タップや3本指ジェスチャーも便利なので覚えておこう。

カーソルを挿入、移動する

文字部分をタップすると、その場所にカーソルが挿入され、ドラッグするとカーソルを自由な位置に移動できる。カーソル挿入部分が拡大表示されるので移動箇所が分かりやすい。

テキスト編集メニューを表示する

カーソル位置を再びタップすると、カーソルの上部に編集メニューが表示される。このメニューで、テキストを選択してコピーしたり、コピーしたテキストを貼り付ける（ペースト）ことができる。

単語の選択と選択範囲の設定

編集メニューで「選択」をタップするか、または文字をダブルタップすると、単語だけを範囲選択できる。左右端のカーソルをドラッグすれば、選択範囲を自由に調整できる。

3回タップで段落を選択

文章内のひとつの段落を選択したい場合は、段落内を素早く3回タップしよう。その段落全体が選択状態になる。文章全体を選択したい場合は、編集メニューの「すべてを選択」をタップ。

文字をコピー&ペーストする

選択状態にすると、編集メニューの内容が変わる。「カット」「コピー」をタップして文字を切り取り／コピー。「ペースト」をタップすればカーソル位置にカット／コピーしたテキストを貼り付ける。

文章をドラッグ&ドロップ

選択したテキストをロングタップすると、少し浮き上がった状態になる。そのままドラッグすれば文章を移動可能だ。指を離せば、カーソルの位置に選択した文章を挿入できる。

3本指で取り消し、やり直し

直前の編集操作を取り消したい時は、3本指で左にスワイプして取り消せる。編集操作を誤って取り消してしまった場合は、3本指で右にスワイプして取り消しをキャンセルできる。

確定した文章を後から再変換

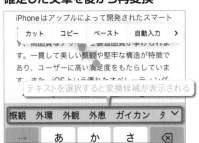

入力を確定した後の語句や文章は、後からでも再変換可能だ。変換し直したい箇所を選択状態にすれば、キーボード上部に変換候補が表示されるので、タップして再び確定しよう。

まずは覚えておきたい操作&設定ポイント

これまでの記事で紹介しきれなかったものの、
必ず確認しておきたい設定ポイントや覚えておくと
よりスムーズにiPhoneを扱える操作法を総まとめ。

section 1

iPhone スタート ガイド

---

03 画面を縦向きに固定する

勝手に回転しないように

このボタンをタップし、画面を縦向きに固定する

寝転んでWebを見る際などは固定する

iPhoneは、内蔵センサーによって本体の向きを感知し、それに合わせて画面の向きも自動で回転する。寝転がってWebサイトを見る際など、意図せず画面が回転してわずらわしい場合は、コントロールセンターの「画面縦向きのロック」で、画面を縦向きに固定しよう。

---

01 キーボードの操作音をオフにする

サウンドと触覚をそれぞれ設定

「設定」→「サウンドと触覚」で設定する

標準では、キーボードで文字を入力するたびにカチカチと音が鳴り、さらに触覚フィードバックでタップした感触を得ることができる。確実に入力した感覚を得られる効果はあるものの、公共の場などで音が気になることもある。不要なら「設定」→「サウンドと触覚」→「キーボードのフィードバック」で「サウンド」と「触覚」のスイッチをオフにしておこう。なお、オンの状態でも消音モードにすれば音は消える。

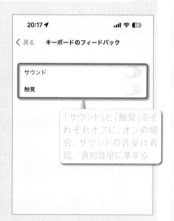

「サウンド」と「触覚」をそれぞれオフに。オンの場合、サウンドの音量は着信・通知音量に準ずる

---

04 iOSを最新の状態にアップデートする

自動アップデートを有効にしておく

3つのスイッチをオンにしておく

iOSは、不具合の改善や新機能の追加を行ったアップデートが時々配信される。設定アプリにバッジが表示されたらアップデートがある印だ。「設定」→「一般」→「ソフトウェアアップデート」→「自動アップデート」で3つのスイッチをオンにしておけば、Wi-Fiと充電器に接続中でロックされているときにアップデートが自動でインストールされる。

3つのスイッチをオンにしておけば、Wi-Fiと充電器に接続中でロックされているときにアップデートが自動でインストールされる

---

02 自動ロックするまでの時間を設定する

短すぎると使い勝手が悪い

セキュリティと利便性のバランスを考慮する

iPhoneは一定時間タッチパネル操作を行わないと、画面が消灯し自動でロックがかかってしまう。このロックがかかるまでの時間は、標準の1分から変更可能。すぐにロックがかかって不便だと感じる場合は、少し長めに設定しよう。ただし、自動ロックまでの時間が長いほどセキュリティは低下するので、使い勝手とのバランスをよく考えて設定する必要がある。2分か3分がおすすめだ。

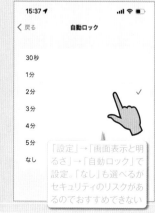

「設定」→「画面表示と明るさ」→「自動ロック」で設定。「なし」も選べるがセキュリティのリスクがあるのでおすすめできない

---

05 アップデートを手動で実行する

自動アップデートを無効にする

不具合などを確認してアップデートしたいとき

iOSをアップデートすると、稀に不具合が発生することがある。ユーザーの口コミなどを確認してから、自分のタイミングでアップデートしたい場合は、自動アップデートを無効にしておこう。「設定」→「一般」→「ソフトウェアアップデート」→「自動アップデート」の「自動インストール」欄にある「自動アップデート」をオフにすればよい。

手動でアップデートする場合は、「設定」→「一般」→「ソフトウェアアップデート」で「ダウンロードしてインストール」もしくは「今すぐインストール」をタップ。なお、自動アップデート画面の「セキュリティ対応とシステムファイル」はオンにしておくことが推奨される

06 バッテリー残量を 正確に把握する

%表示を有効にする

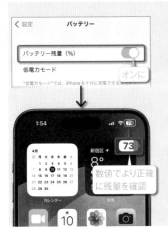

オンに

数値でより正確に残量を確認

「設定」→「バッテリー」でスイッチをオンに

バッテリー残量は常にチェックしておきたいが、ステータスバーに表示されるアイコンだけでは、おおざっぱにしか把握できない。そこで残量を%の数値でも表示させておこう。「設定」→「バッテリー」→「バッテリー残量（%）」のスイッチをオンにすれば、ステータスバーのアイコン内に数値も表示されるようになり、正確な残量を確認できるようになる。

07 画面の一番上へ 即座に移動する

ステータスバーをタップするだけ

縦スクロール画面で有効な操作法

設定やメール、Safari、X（旧Twitter）などで、どんどん下へ画面を進めた後にページの一番上まで戻りたい時は、スワイプやフリックをひたすら繰り返すのではなく、ステータスバーをタップしてみよう。それだけで即座に一番上まで画面がスクロールされる。Safariやミュージック、メモをはじめ、縦にスクロールするほとんどのアプリで利用できる操作法なので、ぜひ覚えておこう。

iPhone 15などでは、Dynamic Island（パンチホール）やノッチ（切り欠き）の両脇どちらをタップしてもよい

08 画面のスクロールを スピーディに行う

スクロールバーをドラッグする

フリックを繰り返す必要なし

縦に長いWebサイトやLINEのトーク画面、X（旧Twitter）のタイムラインなどで、目当ての位置に素早くスクロールしたい場合は、画面右端に表示されるスクロールバーを操作しよう。画面を少しスクロールさせると、画面の右端にスクロールバーが表示されるので、ロングタップしてそのまま上下にドラッグすればよい。縦にスクロールする多くのアプリで使える操作法なので、ぜひ試してみよう。

ロングタップして上下にドラッグ

あなたにぴったりのApple Watchは？

09 Siriを 利用する

iPhoneの優秀な秘書機能

サイドボタンやホームボタンで起動

iPhoneに話しかけることで、情報を調べたり、さまざまな操作を実行してくれる「Siri」。「今日の天気は？」や「ここから○○駅までの道順は？」、「○○をオンに」、「○○に電話する」など多彩な操作をiPhoneにまかせることができる。Siriを起動するには、iPhone 15などフルディスプレイモデルならサイドボタンを長押しし、iPhone SEならホームボタンを長押しすればよい。初期設定時にSiriの設定をスキップした場合は、「設定」→「Siriと検索」で、「サイドボタン（ホームボタン）を押してSiriを使用」のスイッチをオンにしよう。

iPhone 15などは、サイドボタンを長押ししてSiriを起動。画面下部にSiriが現れたら用件を伝えよう

「設定」→「Siriと検索」→「サイド（ホーム）ボタンを押してSiriを使用」をオンに。また、「"Hey Siri"を聞き取る」をオンにすれば、ボタンを押さなくても「ヘイシリ」と話しかけるだけでSiriが起動する。「ロック中にSiriを許可」も必要に応じてオンにしよう

iPhone SEの場合は、ホームボタンを長押ししてSiriを起動。画面下部にSiriが現れたら用件を伝えよう

10 Siriのさまざまな 利用法をチェック

便利な使い方の一部を紹介

「この曲は何？」
「この曲は何？」と話しかけ、音楽を聴かせることで、今流れている曲名を表示させることができる。

「○○○を英語にして」
「○○○を英語にして」と話しかけると、日本語を英語に翻訳して音声で読み上げてくれる。

「128ドルは何円？」
最新の為替レートで通貨を換算してくれるので旅行でも助かるはず。各種単位の変換もお手のものだ。

「○○すると覚えておいて」
「8時に○○に電話すると覚えてお

いて」と伝えると、要件をリマインダーアプリに登録してくれる。

「妻に電話する」
「妻に電話する」と話しかけ、連絡先の名前を伝えて登録すると、以降「妻に電話」で操作を実行できる。

「アラームを全て削除」
ついアラームを大量に設定してしまう人は、Siriにまとめて削除してもらうことができる。

「おみくじ」「サイコロ」
「おみくじ」でおみくじを引いたり、「サイコロ」でサイコロを振ってくれるなど遊び心ある使い方も。

11 周囲が暗いときは画面を ダークモードに変更する

設定時間に自動切り替えも可能

ダークモードに切り替える

画面の印象と共に 気分も変えられる

　画面を暗い配色に切り替える「ダークモード」。ホーム画面は暗めのトーンになり、各種アプリの画面は黒を基調とした配色に変更され、暗い場所で画面を見ても疲れにくくなる。この機能は、手動での切り替えだけではなく、昼間は通常のライトモードで夜間はダークモードに自動で切り替えることもできる。ライトとダークに切り替える時刻を詳細に設定することも可能だ。また、ウィジェットの多くもダークモードが用意されており、黒を基調としたカラーに切り替わる。

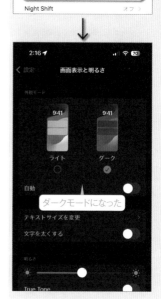

「設定」→「画面表示と明るさ」の「外観モード」で「ダーク」を選択。「自動」をオンにすれば、オプションで設定したスケジュールで自動切り替えとなる。また、コントロールセンターに「ダークモード」のボタンを追加して（P025で解説）素早く切り替えることも可能だ

モードの自動切り替え 時刻を設定する

「設定」→「画面表示と明るさ」の「外観モード」欄にある「自動」をオンにし、その下の「オプション」をタップする。「カスタムスケジュール」を選択し、ライトとダークそれぞれの自動開始時刻を設定することができる

12 アプリの長押しメニュー で各種機能を呼び出す

機能へのショートカットを使う

表示メニューは アプリごとに異なる

　ホーム画面のアプリをロングタップすると、さまざまなメニューが表示される。「ホーム画面を編集」や「アプリを削除」など共通した項目に加え、それぞれのアプリに独自のメニューが用意されていることがわかるはずだ。これらは、メニューに記載された機能にホーム画面から一足飛びにアクセスできる便利なショートカットだ。よく使うアプリでどんな機能が表示されるか確認しておこう。

例えば標準のメールアプリをロングタップすると「新規メッセージ」や「検索」などのメニューを利用できる

13 アプリに位置情報の 使用を許可する

プライバシー情報を管理する

アプリごとに 使用許可を設定可能

　特定のアプリを起動した際に表示される位置情報使用許可に関するメッセージ。マップや天気など、あきらかに位置情報が必要なアプリでは「アプリの使用中は許可」を選択すればよい。「許可しない」を選んでも、位置情報が必要な機能を使う際は、設定変更を促すメッセージが表示される。なお、位置情報は、「設定」→「プライバシーとセキュリティ」→「位置情報サービス」でまとめて管理できる。

ほとんどは「アプリの使用中は許可」で問題ない。例えばマップの現在地表示機能などは、位置情報の使用を許可しないと利用できない

14 Dynamic Islandの 役割をチェックする

アプリの動作をパンチホールに表示

アクティビティを アニメーション表示

　iPhone 15および14のProシリーズの画面上部にある黒いパンチホール。これは「Dynamic Island（ダイナミック・アイランド）」といい、通話中や音楽の再生中など実行中のアクティビティをアニメーション表示する機能だ。また、Dynamic Islandをタップすれば動作しているアプリが開き、ロングタップすることでコントローラーや各種メニューを表示することができる。役割や操作法をひと通り確認しておこう。

ミュージック再生中の Dynamic Island

ミュージックアプリで音楽を再生中にホーム画面に戻ったり別のアプリを開くと、Dynamic Islandにアートワークやイコライザのアニメーションが表示される。左右端から中央へスワイプしてアクティビティの表示を消すこともできる。中央から左右へスワイプすると再度表示できる

Dynamic Islandをロングタップすると、ミニプレイヤーが表示。タップするとミュージックアプリが開く

Dynamic Islandに 表示される主なアクティビティ

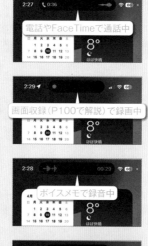

電話やFaceTimeで通話中

画面収録（P100で解説）で録画中

ボイスメモで録音中

マップアプリでナビを利用中

2つのアクティビティを表示可能。これはミュージックとタイマーを同時利用中の状態

15 Wi-Fiに接続する

パスワードを入力するだけ

Wi-Fiの基本的な接続方法を確認

初期設定でWi-Fiに接続しておらず、後から設定する場合や、友人宅などでWi-Fiに接続する際は、「設定」→「Wi-Fi」をタップし、続けて接続するアクセスポイントをタップ。後はパスワードを入力するだけでOKだ。一度接続したアクセスポイントは、それ以降基本的には自動で接続される。また、既にWi-Fiに接続しているiPhoneやiPadがあれば、端末を近づけるだけで設定可能。

パスワードを入力して「接続」をタップ

16 画面の明るさを調整する

コントロールセンターで調整

上下にスワイプして明るさを調整

明るさの自動調節もチェックする

iPhoneの画面の明るさは、周囲の明るさによって自動で調整されるが、手動でも調整可能。コントロールセンターを引き出し、スライダを上へスワイプすれば明るく、下へスワイプすれば暗くできる。また、「設定」→「アクセシビリティ」→「画面表示とテキストサイズ」→「明るさの自動調節」をオフにすれば、常に一定の明るさが保たれる（ただし、自動調節は有効にしておくことが推奨される）。

17 機内モードを利用する

飛行気の出発前にオンにする

すべての通信を無効にする機能

航空機内など、電波を発する機器の使用を禁止されている場所では、コントロールセンターで「機内モード」をオンにしよう。機内モードを有効にすると、モバイルデータ通信が即座に停止される。Wi-FiやBluetoothはオンのままなので、Bluetoothヘッドフォンや機内のWi-Fiは利用可能だ。基本的には、航空機に搭乗後、扉が閉まった段階で機内モードをオンにする必要がある。

タップして機内モードをオン／オフにする

18 ホーム画面で呼び出せるiPhone内の検索機能

アプリ内も対象にキーワード検索

ホーム画面を下へスワイプする

ホーム画面の適当な箇所を下へスワイプするか、ドックの上の「検索」をタップして表示する検索機能。アプリを探したり、Webやメール、メモなど、広範な対象をキーワード検索できる。検索フィールドにワードを入力するに従って、検索結果が絞り込まれていく仕組みだ。画面上部には、日頃の使い方や習慣を元に次に使うアプリや操作を提案してくれる「Siriからの提案」が表示される。

検索フィールドにキーワードを入力。検索結果や「Siriからの提案」に表示したくないアプリは、「設定」→「Siriと検索」でアプリを選び、該当のスイッチをオフにしよう

19 ホーム画面でウィジェットを操作する

タップして直接操作する

ミュージックやリマインダーでは、アプリを起動しなくてもウィジェット上で一部の操作を完結できる

iOS 17から使い勝手が大幅にアップした

ホーム画面や今日の表示画面に配置できる「ウィジェット」。アプリに付随するパネル型のツールで、そのアプリの情報を表示したりタップして特定の機能を素早く起動することが可能だ。iOS 17では、ウィジェットのボタンをタップしてミュージックの再生や停止を行ったり、リマインダーの項目にチェックを入れたりと、ウィジェット上でさまざまな操作を直接行えるようになった。

20 スクリーンショットを保存する

2つのボタンを同時に押す

加工や共有も簡単に行える

表示されている画面そのままを画像として保存できる「スクリーンショット」機能。電源ボタンと音量の＋（上げる）ボタンを同時に押して撮影（長押しにならないよう要注意）。ホームボタンのあるiPhone SEでは、電源ボタンとホームボタンを同時に押して撮影する。撮影後、画面左下に表示されるサムネイルをタップすると、マークアップ機能での書き込みや各種共有を行うことができる。

2つのボタンを押すと、画面左下にサムネイルが表示されるが、しばらく待つと消えて、画像が「写真」アプリに保存される。サムネイルをタップするとマークアップ機能を利用できる

21 共有機能を利用しよう

データや情報の送信や投稿、保存に利用

多くのアプリで共通するボタン

多くのアプリに備わっている「共有」ボタン。タップすることで共有シートを表示し、データのメール送信やSNSへの投稿、クラウドへの保存などを行える。基本的には別のアプリへデータを受け渡したり、オプション的な操作を行う機能だ。例えばSafariでは、Webページのリンクを送信したりブックマークに追加するといったアクションを利用できる。なお、共有シートに表示されるアプリや機能は、使用アプリによって異なる。

Safariの共有ボタンをタップしたところ。多くのアプリの共有ボタンはこのデザインで共通している

22 パスコードを4桁の数字に変更する

より素早くロック解除できるように

安全性は下がるので注意しよう

Face IDやTouch IDを使っていても、ロック解除にパスコードを使うシーンは多い。顔や指紋をしっかり認識しないときや、机の上のiPhoneをロック解除したいときなどだ。そんなときでも素早くロック解除できるよう、パスコードを4桁の数字に変更することができる。ただし、当然セキュリティの強度は下がってしまうので、よく考えて変更しよう。

「設定」→「Face ID（Touch ID）とパスコード」→「パスコードを変更」で新しいパスコードを入力する際、「パスコードオプション」をタップ。メニューで「4桁の数字コード」を選択すればよい。「カスタムの英数字コード」でパスコードを複雑にすることもできる

23 盗難対策機能を設定しておく

「盗難デバイスの保護」を有効にする

自宅や職場以外でのセキュリティを強化

「盗難デバイスの保護」を有効にすれば、自宅や職場などから離れている際のセキュリティが強化される。パスコードの変更や各種支払い、ログイン情報の利用などに際して、Face IDやTouch IDによる生体認証が必須になるため、窃盗犯にパスコードを知られていても悪用を阻止できる。「設定」→「Face ID（Touch ID）とパスコード」→「盗難デバイスの保護」でスイッチをオンにしよう。

スイッチをオンに。機能が有効になると、Apple IDのパスワード変更や盗難デバイスの保護機能のオフなど、セキュリティに関わる操作を行う際に、1時間待ってから2回目の生体認証を行う必要がある

24 QRコードを読み取る

コードスキャナーを利用する

簡単に情報にアクセスできる便利機能

WebサイトへのアクセスやSNSの情報交換などに使われる「QRコード」。iPhoneでは、コントロールセンターの「コードスキャナー」で簡単に読み取ることができる。コントロールセンターでコードスキャナーのボタンをタップし、あとはカメラをQRコードに向ければOK。即座に読み取りが完了し、Safariなどの対応アプリが起動する。

コードスキャナーを起動して、カメラをQRコードへ向けるだけでOK。コントロールセンターにコードスキャナーがない場合は、P025の記事を参照の上、ボタンを追加しよう

25 画面に表示される文字サイズを変更する

7段階から大きさを選択

見やすさと情報量のバランスを取ろう

iPhoneの画面に表示される文字のサイズは、「設定」→「画面表示と明るさ」→「テキストサイズを変更」で7段階から選択できる。現状の文字が読みにくければ大きく、画面内の情報量を増やしたい場合は小さくしよう。ここで設定したサイズは、標準アプリだけではなく、App Storeからインストールしたほとんどのアプリでも反映される。「画面表示と明るさ」で「文字を太くする」をオンにすれば、さらに見やすくなる。

スライダーでサイズを変更する。また、「設定」→「アクセシビリティ」→「アプリごとの設定」では、アプリごとに文字サイズを変更することもできる

26 Bluetooth対応機器を接続する

ペアリングの手順を確認

ワイヤレスで各種機器を利用する

iPhoneは、Bluetooth対応のヘッドフォンやスピーカーなどの周辺機器をワイヤレスで接続して利用できる。ワイヤレスなので、iPhoneにケーブルを接続して充電しながら使える利点もある。まず、Bluetooth機器をペアリングモードにし、iPhoneの「設定」→「Bluetooth」で「Bluetooth」をオンにする。その画面に表示された機器名をタップし、「接続済み」と表示されれば接続完了だ。

接続を解除するときは、「i」ボタンをタップして「接続解除」をタップ。別のデバイスでこの周辺機器を使いたい場合は、「このデバイスの登録を解除」をタップしてペアリングを解除しなければならない

標準アプリ
完全ガイド

本体やiOSの基本操作を覚えたら、最もよく使う
標準アプリ（はじめからインストール
されているアプリ）の使い方をマスターしよう。

Section

2

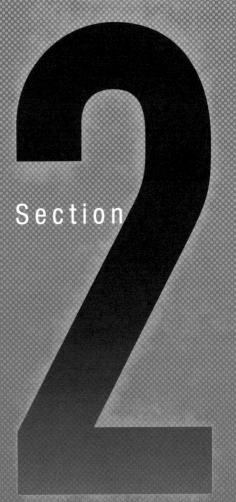

P046　**Safari**

P050　**電話**

P054　**連絡先**

P056　**メール**

P062　**メッセージ**

P066　**FaceTime**

P068　**カメラ**

P072　**写真**

P076　**ミュージック**

P080　**カレンダー**

P081　**メモ**

P082　**その他の標準アプリ**

Safari

標準ブラウザでWebサイトを快適に閲覧する

さまざまな便利機能を備える標準ブラウザを使いこなそう

Webサイトを閲覧するには、標準で用意されているWebブラウザアプリ「Safari」を使おう。SafariでWebページを検索するには、検索フィールド（アドレスバー）にキーワードを入力すればよい。その他、複数ページのタブ切り替えや、よく見るサイトのブックマーク登録、ページ内のキーワード検索、過去に見たサイトの履歴表示といった、基本操作を覚えておこう。複数のタブをグループ化して管理する「タブグループ」や、履歴を残さず閲覧できる「プライベートモード」などの機能も備える。用途別に使用環境を切り替える「プロファイル」機能についてはP093で解説する。

使い始め POINT

タブ機能で複数のサイトを同時に開いておける

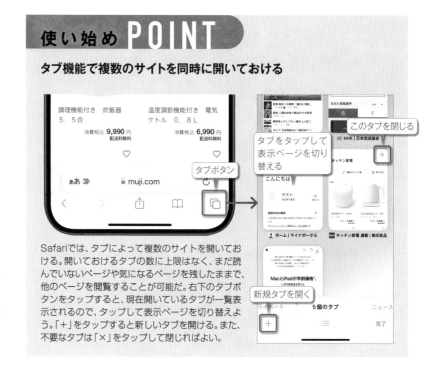

Safariでは、タブによって複数のサイトを開いておける。開いておけるタブの数に上限はなく、まだ読んでいないページや気になるページを残したままで、他のページを閲覧することが可能だ。右下のタブボタンをタップすると、現在開いているタブが一覧表示されるので、タップして表示ページを切り替えよう。「＋」をタップすると新しいタブを開ける。また、不要なタブは「×」をタップして閉じればよい。

Webページをキーワードで検索して閲覧する

1 検索フィールドにキーワードを入力して検索する

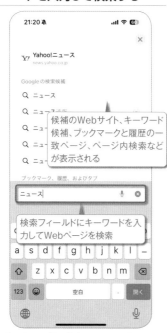

候補のWebサイト、キーワード候補、ブックマークと履歴の一致ページ、ページ内検索などが表示される

検索フィールドにキーワードを入力してWebページを検索

まずは画面下部の検索フィールドをタップ。キーワードを入力して「開く」をタップすると、Googleでの検索結果が表示される。URLを入力してサイトを直接開くこともできる。

2 前のページに戻る、次のページに進む

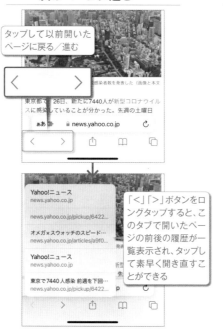

タップして以前開いたページに戻る／進む

「<」「>」ボタンをロングタップすると、このタブで開いたページの前後の履歴が一覧表示され、タップして素早く開き直すことができる

左下の「<」「>」ボタンで、前の／次のページを表示できる。ボタンをロングタップすれば、履歴からもっと前の／次のページを選択して開くことができる。

3 文字が小さい画面はピンチ操作で拡大表示できる

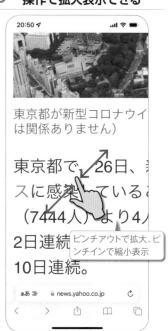

ピンチアウトで拡大、ピンチインで縮小表示

2本の指を外側に押し広げる操作（ピンチアウト）で画面を拡大表示、逆に外から内に縮める操作（ピンチイン）で縮小表示できる。

タブを操作する

1 リンク先を新しいタブで開く

ページ内のリンクを2本指でタップするか、ロングタップして「新規タブで開く」をタップすれば、リンク先を新しいタブで開くことができる。タブの切り替え方法は、左ページの「使い始めPOINT」を参照。

2 開いているすべてのタブをまとめて閉じる

開いているすべてのタブをまとめて閉じるには、タブボタンをロングタップして、表示されるメニューで「○個のタブをすべて閉じる」をタップすればよい。

3 左右スワイプでタブやページを切り替える

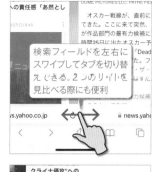

タブ一覧を開かなくても、検索フィールドを左右にスワイプするだけで、他のタブに素早く切り替えできるので覚えておこう。また画面端から左右にスワイプすると、前の／次のページを表示できる。

よく利用するサイトをブックマーク登録する

1 表示中のページをブックマーク登録する

見ているページをブックマークに保存したい場合は、画面下部のブックマークボタンをロングタップ。続けて「ブックマークを追加」をタップ。保存先フォルダを選択して「保存」をタップすればよい。

2 ブックマークからサイトを開く

下部のブックマークボタンをタップすれば、追加したブックマーク一覧が表示される。ブックマークをタップすれば、すぐにそのサイトにアクセスできる。

3 開いているタブをまとめてブックマーク

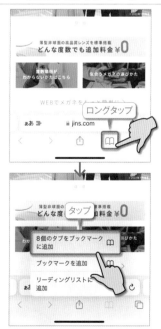

今開いているタブをすべてブックマーク登録したい場合は、ブックマークボタンをロングタップし、続けて「○個のタブをブックマークに追加」をタップする。

複数のタブをグループ化してまとめて管理する

1 タブ一覧画面の 下部ボタンをタップ

タップ
8個のタブ
ニュース
完了

Safariには、複数のタブを目的やカテゴリ別にグループ分けできる「タブグループ」機能がある。まず、画面右下のタブボタンをタップしてタブ一覧画面を開き、下部中央のボタンをタップしよう。

2 タブグループの 作成と切り替え

作成済みのタブグループ

タップしてタブグループを新規作成する

「空の新規タブグループ」をタップし、「仕事」や「ニュース」などタブグループを作成しておこう。作成済みのタブグループをタップすると、そのグループのタブ一覧に表示を切り替えできる。

3 Webページをタブ グループに追加する

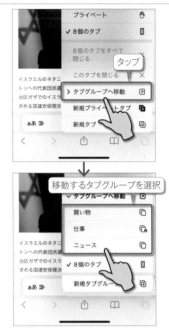

タップ

移動するタブグループを選択

タブボタンをロングタップして「タブグループへ移動」をタップすると、表示中のWebページを移動できる。仕事や趣味のWebページをまとめたり、製品のスペックや価格を比較する際などに利用しよう。

Safariを使いこなすための便利な機能①

＞ 表示中のページ内の テキストを検索する

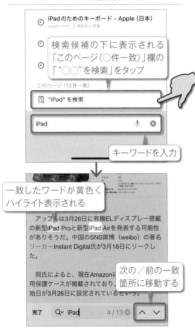

検索候補の下に表示される「このページ（○件一致）」欄の「"○○"を検索」をタップ

キーワードを入力

一致したワードが黄色くハイライト表示される

次の／前の一致箇所に移動する

表示中のページ内をキーワード検索するには、検索フィールドにキーワードを入力して、「このページ（○件一致）」の「"○○"を検索」をタップすればよい。一致するワードが黄色くハイライト表示される。

＞ パソコン向けの Webページを表示する

タップ

モバイル向けではなく、パソコン向けの画面で表示される

スマホ向けにメニューや情報が簡略化されたサイトではなく、パソコンと同じレイアウトや情報量のサイトを表示したい場合は、検索フィールド左の「ぁあ」→「デスクトップ用Webサイトを表示」をタップしよう。

＞ 履歴を残さずに Webページを閲覧する

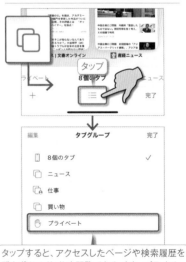

タップ
8個のタブ
ニュース
完了

タップすると、アクセスしたページや検索履歴を残さずWebサイトを閲覧できる。また、プライベートブラウズで開いたタブは他の人に見られないようロックすることができる。「設定」→「Safari」→「プライベートブラウズをロック解除するにはFace ID（Touch ID）が必要」をオンにしよう

タブボタンをタップし、続けて下部中央のボタンをタップして「プライベート」を選択すると、履歴を残さずにWebページを閲覧できる。「○○個のタブ」や他のタブグループに変更すると通常モードに戻る。

Safariを使いこなすための便利な機能②

> 過去に開いたサイトを一覧表示する

下部のブックマークボタンをタップし、時計マークの履歴タブを開くと、過去の閲覧ページが一覧表示される。履歴をタップすると再度開くことができる。

> 最近閉じたタブを復元する

タブ一覧画面で「+」ボタンをロングタップすると、最近閉じたタブが一覧表示される。誤って閉じたタブをすぐに復元したい場合は、このリストから探してタップしよう。

> 一定期間見なかったタブを自動で消去

開きっぱなしのタブを自動で閉じるには、「設定」→「Safari」→「タブを閉じる」をタップ。最近表示していないタブを1日後や1週間後、1か月後に閉じるよう設定できる。

> ページ内の画像を保存する

Webページの画像を端末内に保存するには、画像をロングタップして、表示されたメニューで「"写真"に保存」をタップすればよい。画像は「写真」アプリに保存される。

> 「お気に入り」でスタートページに表示

ブックマーク（P047で解説）の保存先を「お気に入り」にすると、保存したブックマークはスタートページにアイコンで一覧表示されるようになる。

> 「お気に入り」のフォルダを変更する

「設定」→「Safari」→「お気に入り」をタップすると、「お気に入り」として扱うブックマークフォルダを他の好きなフォルダに変更することができる。

> iPadやMacで開いているタブをiPhoneでも開く

タブ一覧の「+」ボタンでスタートページを開き、下の方にスクロールすると、iCloudで同期しているiPadやMacのSafariで開いているタブが一覧表示される。

> 検索フィールドを画面上部に配置する

「設定」→「Safari」→「シングルタブ」にチェックすると、検索フィールドが下部から上部に移動する。ただし、スワイプでタブを切り替える機能などは使えない。

> ページ全体の画面をPDFとして保存する

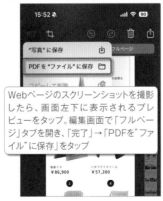

Webページのスクリーンショットの編集画面で「フルページ」タブを開き、「完了」→「PDFを"ファイル"に保存」をタップすると、Webページ全体をPDFで保存できる。

電話

「電話」アプリで電話を受ける・かける

電話アプリのさまざまな機能を使いこなそう

iPhoneで電話をかけたり、かかってきた電話を受けるには、ドックに配置された「電話」アプリを利用する。電話をかける際は、キーパッドで番号を直接入力して発信するほか、連絡先や履歴からもすばやく電話をかけられる。電話の着信時にすぐ出られない時は、折り返しの電話を忘れないようリマインダーに登録したり、定型文メッセージをSMSで送信することが可能だ。通話中は音声のスピーカー出力や消音機能を利用できるほか、通話しながらでも他のアプリを自由に操作できる。そのほか、着信拒否の設定や、着信音の変更方法も確認しておこう。

使い始め POINT

「よく使う項目」を設定して利用しよう

よく電話する家族や友人は、「よく使う項目」に登録しておこう。毎回連絡先から相手を探す必要なくスムーズに発信できるようになる。

電話アプリの画面下で「よく使う項目」を選択。開いた画面の右上の「+」をタップする。

連絡先一覧が表示されるので、「よく使う項目」に登録したい連絡先を選択。「電話」をタップし、続けて電話番号をタップ。FaceTimeなど別の発信手段を選択することもできる。

「よく使う項目」に登録した連絡先と発信方法が一覧表示される。ここで名前をタップするだけで、すばやく電話をかけたりFaceTimeで発信できる

電話番号を入力して電話をかける

1 電話番号を入力して電話をかける

まずはホーム画面最下部のドックに配置されている、「電話」アプリをタップして起動しよう。

2 下部メニューのキーパッドをタップする

電話番号を直接入力してかける場合は、下部メニューの「キーパッド」をタップしてキーパッド画面を開く。

3 電話番号を入力して発信ボタンをタップする

ダイヤルキーで電話番号を入力したら、下部の発信ボタンをタップ。入力した番号に電話をかけられる。

4 通話終了ボタンをタップして通話を終える

サイドボタンを押しても通話を終了できる

タップして通話終了

通話中画面の機能と操作はP052で解説する。通話を終える場合は、下部の赤い通話終了ボタンをタップするか、本体のサイドボタンを押せばよい。

連絡先や履歴から電話をかける

1 連絡先から電話をかける

タップして電話をかける

タップすれば、電話アプリからでもFaceTimeを発信できる

タップ

下部メニュー「連絡先」をタップして連絡先の一覧を開き、電話したい相手を選択。連絡先の詳細画面で、電話番号をタップすれば、すぐに電話をかけられる。なお、連絡先の登録方法はP054以降で解説している。

2 発着信履歴から電話をかける

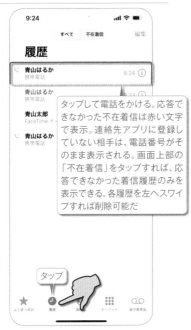

タップして電話をかける。応答できなかった不在着信は赤い文字で表示。連絡先アプリに登録していない相手は、電話番号がそのまま表示される。画面上部の「不在着信」をタップすれば、応答できなかった着信履歴のみを表示できる。各履歴を左へスワイプすれば削除可能だ

タップ

下部メニュー「履歴」をタップすると、FaceTimeを含め発着信の履歴（不在着信も含まれる）が一覧表示される。履歴から相手をタップすれば、すぐに電話をかけることができる。

3 キーパッドでリダイヤルする

最後にキーパッドで電話をかけた相手の番号が表示される

タップ

キーパッド画面で何も入力せず発信ボタンをタップすると、最後にキーパッドで電話をかけた相手の番号が再表示される。再度発信ボタンをタップすれば、すぐにリダイヤルできる。

かかってきた電話を受ける／拒否する

1 電話の受け方と着信音を即座に消す方法

音量調節ボタンを押せば着信音がすぐに消える。音が消えるだけで着信状態は続いている

サイドボタンを押しても着信音が消える。2回押すと留守番電話に転送

右にドラッグすれば電話に応答できる

画面ロック中にかかってきた電話は、受話器アイコンを右にドラッグすれば応答できる。iPhone利用中にかかってきた場合は、バナーで応答または拒否ボタンをタップしよう。

2 「後で通知」でリマインダー登録

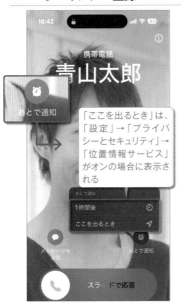

「ここを出るとき」は、「設定」→「プライバシーとセキュリティ」→「位置情報サービス」がオンの場合に表示される

「後で通知」をタップすると、「1時間後」もしくは「ここを出るとき」に通知するよう、リマインダーアプリにタスクを登録できる。iPhone利用中の着信でこの操作を行うには、着信のバナーをタップして、操作画面を表示すればよい。

3 「メッセージ」で定型文を送信

SMSやiMessageを送信。表示された定型文をタップするか、「カスタム」をタップしてメッセージを入力する

「メッセージを送信」をタップすると、いくつかの定型文で、相手にメッセージを送信できる。定型文の内容は「設定」→「電話」→「テキストメッセージで返信」で編集できる。

通話中に利用できる主な機能

1 自分の声が相手に聞こえないように消音する

タップ

自分の声を一時的に相手に聞かせたくない場合は、「消音」をタップしよう。マイクがオフになり相手に音声が届かなくなる。もう一度タップして消音を解除できる。

2 通話中にダイヤルキーを入力する

宅配便の再配達サービスや各種サポートセンターなど、通話中にキー入力を求められた際にキーパッドを表示して、数字キーをタップしよう

タップして元の画面に戻る

音声ガイダンスなどでダイヤルキーの入力を求められた場合などは、「キーパッド」をタップすればダイヤルキーが表示される。「キーパッドを非表示」で元の画面に戻る。

3 FaceTimに切り替えや割り込み通話を利用

タップしてFaceTimeに切り替える（FaceTimeについてはP066で詳しく解説）

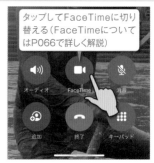

別の電話がかかってきたら「（現在の通話を）終了して応答」か「（現在の通話を）保留して応答」、「拒否」を選択できる

相手がiPhoneなら「FaceTime」ボタンでFaceTimeに切り替えられる。また、通話中にかかってきた別の電話に出ることもできる（「キャッチホン」や「割込通話サービス」などのオプション契約が必要）。

---

4 音声をスピーカーに出力する

タップ

本体を机などに置いてハンズフリーで通話したい場合は、「スピーカー」をタップしよう。通話相手の声がスピーカーで出力される。

5 通話中でも他のアプリを自由に操作できる

iPhone 15 Proシリーズや14 Proシリーズは、緑色で通話時間などが表示されている黒い帯部分（Dynamic Island）をタップして通話画面に戻る

その他のiPhone（SE以外）は、緑色の時刻表示部分をタップ。iPhone SEは、緑色のステータスバーをタップして通話画面に戻る

通話中でもホーム画面に戻ったり、他のアプリを自由に操作できる。通話継続中は画面上部に通話時間や緑のバーが表示され、これをタップすれば元の通話画面に戻る。

使いこなしヒント

iPhoneで緊急電話を発信する方法を確認

サイドボタンと音量調節ボタンのどちらか片方を同時に長押しして表示される、電源オフ画面にある「緊急電話」のスライダーを右にスライドすると、すぐに警察の緊急通報センター（112）に発信できる

「設定」→「緊急SOS」画面では、iPhoneでの緊急電話のかけ方を確認できる。「長押ししてから放して通報」や「ボタンを5回押して通報」をオンにしておけば、それぞれの操作で緊急電話に発信できるほか、家族などの緊急連絡先も設定しておける。

キャリアの留守番電話サービスを利用する

留守番電話の利用には
オプション契約が必要

　電話に応答できない時に、相手の伝言メッセージを録音する留守番電話機能を使いたい場合は、ドコモなら「留守番電話サービス」、auなら「お留守番サービス EX」、ソフトバンクなら「留守番電話プラス」の契約（いずれも月額330円）が必要だ。楽天モバイルであれば無料で留守番電話サービスを利用できる。録音されたメッセージは、電話アプリの「留守番電話」画面でいつでも再生できる（「ビジュアルボイスメール」機能）。なお、ahamoやpovo、LINEMOでは留守番電話サービスは利用できない。

留守番電話が録音されると、画面下部メニューの「留守番電話」にバッジが表示される。

1 留守番メッセージを確認する

「ビジュアルボイスメール」機能が有効なら、録音されたメッセージはiPhoneに自動保存され、電話アプリの「留守番電話」画面からオフラインでも再生できる。

2 ロック画面からでもメッセージを再生できる

ロック画面で留守番電話の通知をロングタップすれば、ビジュアルボイスメールの再生画面が表示され、タップしてメッセージを聞くことができる。

その他の便利な機能、設定

＞ 特定の連絡先からの着信を拒否する

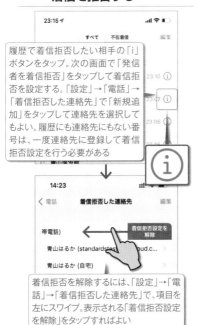

履歴で着信拒否したい相手の「i」ボタンをタップ。次の画面で「発信者を着信拒否」をタップして着信拒否を設定する。「設定」→「電話」→「着信拒否した連絡先」で「新規追加」をタップして連絡先を選択してもよい。履歴にも連絡先にもない番号は、一度連絡先に登録して着信拒否設定を行う必要がある

着信拒否を解除するには、「設定」→「電話」→「着信拒否した連絡先」で、項目を左にスワイプ。表示される「着信拒否設定を解除」をタップすればよい

「履歴」で着信拒否したい相手の「i」ボタンをタップ。連絡先の詳細が開くので、「発信者を着信拒否」→「連絡先を着信拒否」をタップすれば着信拒否に設定できる。

＞ 相手によって着信音を変更する

タップ

タップすると、内蔵の着信音やパソコンから転送した着信音が一覧表示される。バイブパターンは「触覚」から変更。「着信音/通知音ストア」で「iTunes Store」が開き、着信音を購入可能

着信音を相手によって個別に設定したい場合は、まず「連絡先」画面で変更したい連絡先を開き「編集」をタップ。「着信音」をタップして、好きな着信音に変更すればよい。

＞ FaceTimeやLINEの不在着信での注意点

電話アプリの履歴にFaceTimeやLINEの不在着信は残るが…

電話の通知には反応せず、バッジも表示されない。ロック画面にも電話アプリの通知は表示されない。FaceTimeやLINEの通知で確認するようにしよう

FaceTimeやLINEの着信履歴も電話アプリに表示されるが、電話アプリの通知機能には表示されない。不在着信に気付かないことがあるので注意しよう。

連絡先

電話番号や住所、メールアドレスをまとめて管理

iPhoneやAndroidスマホからの連絡先移行は簡単

iPhoneで電話番号などの連絡先を管理するには、「連絡先」アプリを利用する。機種変更などで連絡先を移行したい場合、移行元がiPhoneやiPadであれば、同じApple IDでiCloudにサインインして「連絡先」をオンにするだけで、簡単に連絡先の内容を移行元とまったく同じ状態にできる。また、移行元がAndroidスマートフォンであっても、iCloudの代わりにGoogleアカウントを追加して「連絡先」をオンにするだけで、連絡先を移行可能だ。なお、自分の連絡先画像を自由にデザインして相手の呼び出し画面などに表示させる「ポスター」の作成についてはP094解説する。

使い始め POINT

機種変更で連絡先を引き継ぐ

● iPhone／iPadから
連絡先を引き継ぐ

連絡先の移行元がiPhoneやiPadであれば、まず移行元の端末で「設定」の一番上のApple ID画面を開き、「iCloud」→「すべてを表示」→「連絡先」をオンにする。次に移行先のiPhoneで、移行元と同じApple IDでサインインし、同じ「連絡先」のスイッチをオンにする。これで連絡先データが移行元と同じ状態になる。

● Androidスマートフォンから
連絡先を引き継ぐ

移行元がAndroidスマートフォンなら、連絡先はGoogleアカウントに保存されているはずだ。移行先のiPhoneで「設定」→「連絡先」→「アカウント」→「アカウントを追加」→「Google」をタップし、Googleアカウントを追加。「連絡先」をオンにしておけば、Googleアカウントの連絡先が同期される。

新しい連絡先を作成する

1 新規連絡先を作成する

新しい連絡先を作成するには右上の「+」をタップ。名前や電話番号を入力し、「完了」をタップで保存できる。「写真を追加」をタップすれば、この連絡先に写真を設定できる。

2 複数の電話やメール、フィールドを追加

ラベルを変更する

タップして追加

ミドルネームや旧姓、役職などのフィールドを追加できる

「電話を追加」「メールを追加」で複数の電話やメールアドレスを追加できる。下部の「フィールドを追加」で入力項目を増やすことも可能だ。

使いこなしヒント

新規連絡先の保存先をGoogleアカウントに変更する

「Gmail」にチェック

上記「使い始めPOINT」の通り、Androidスマホから移行した連絡先は、Googleアカウントに保存されている。しかし、iPhoneで連絡先を新規作成すると、デフォルトではiCloudアカウントに保存してしまう。このままだと、移行した連絡先とiPhoneで作成した連絡先の保存先が異なってしまい管理が面倒だ。そこで、iPhoneで新規作成した連絡先の保存先を、Googleアカウントに変更しておこう。「設定」→「連絡先」→「デフォルトアカウント」で「Gmail」にチェックしておけば、新規作成した連絡先はGoogleアカウントに保存されるようになる。

連絡先の編集と復元、グループ分け

1 登録済みの連絡先を編集する

タップ

連絡先を選んで開き、右上の「編集」をタップすれば編集モードになり、登録済みの内容を編集できる。

2 不要な連絡先を削除する

タップ

編集モードで下までスクロールして「連絡先を削除」→「連絡先を削除」をタップすれば、この連絡先を削除できる。

3 削除した連絡先を復元する

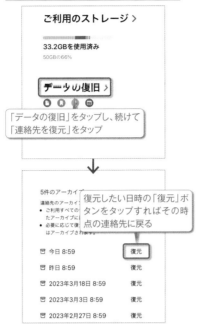

「データの復旧」をタップし、続けて「連絡先を復元」をタップ

復元したい日時の「復元」ボタンをタップすればその時点の連絡先に戻る

連絡先を誤って削除した場合は、SafariでiCloud.com（https://www.icloud.com/）にアクセスしよう。Apple IDでサインインしたら、下の方にスクロールして「データの復旧」→「連絡先を復元」から復元したい日時を選べばよい。

4 リスト機能で連絡先をグループ分けする

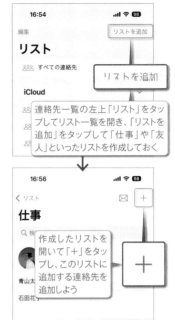

リストを追加

連絡先一覧の左上「リスト」をタップしてリスト一覧を開き、「リストを追加」をタップして「仕事」や「友人」といったリストを作成しておく

作成したリストを開いて「＋」をタップし、このリストに追加する連絡先を追加しよう

連絡先が増えてきたら「リスト」でグループ分けして整理しよう。リストを指定してメールを一斉送信することもできる（P058で解説）ので、仕事相手やサークル仲間の連絡先などをリストにまとめておくと便利だ。

その他の便利な操作法

＞ 連作先で「自分の情報」を設定する

自分の連絡先を選択

自分の連絡先が表示される。自宅や勤務先の住所を登録しておけば、マップの経路検索やリマインダーの登録に自宅や勤務先を指定できる

「設定」→「連絡先」→「自分の情報」で自分の連絡先を指定しておけば、連絡先の最上部に、「マイカード」として自分の連絡先が表示されるようになる。

＞ 連絡先を他のユーザーに送信する

タップ

AirDropで連絡先を送信

メールやメッセージで連絡先を送信

送信したい連絡先を開き、「連絡先を送信」をタップ。近くにいるiPhoneやiPadユーザーへ送るなら「AirDrop」（P044で解説）の利用がおすすめ。その他、メールやメッセージなどさまざまな方法で送信できる。

＞ 重複した連絡先を結合する

「重複項目を表示」をタップすると、重複した連絡先をまとめて結合できる

連絡先を開いて「編集」→「連絡先をリンク」をタップし、他の連絡先を選んで「リンク」をタップすると手動で連絡先を結合できる

連絡先一覧に「重複が見つかりました」と表示されたら、「重複項目を表示」→「すべてを結合」でひとつの連絡先にまとめておこう。ここで検出されていない連絡先は、「リンク」機能で手動で結合することも可能だ。

メール

自宅や会社のメールもこれ一本でまとめて管理

まずは送受信したいメールアカウントを追加していこう

iPhoneに標準搭載されている「メール」アプリは、自宅のプロバイダメールや会社のメール、ドコモ／au／ソフトバンクの各キャリアメール、GmailやiCloudメールといったメールサービスなど、複数のアカウントを追加してメールを送受信できる便利なアプリだ。まずは「設定」→「メール」→「アカウント」→「アカウントを追加」で、メールアプリで送受信したいアカウントを追加していこう。iCloudメールやGmailなどは、アカウントとパスワードを入力するだけで追加できる簡易メニューが用意されているが、自宅のプロバイダメールや会社のメールアカウントは「その他」から手動で設定する必要がある。

使い始め POINT

「設定」でアカウントを追加する

メールアプリで送受信するアカウントを追加するには、まず「設定」アプリを起動し、「メール」→「アカウント」→「アカウントを追加」をタップ。Gmailは「Google」をタップしてGmailアドレスとパスワードを入力すれば追加できる。自宅や会社のメールは「その他」をタップして下記手順の通り追加する。

● キャリアメールを追加するには

ドコモメール（@docomo.ne.jp）、auメール（@au.com／@ezweb.ne.jp）、ソフトバンクメール（@i.softbank.jp）を使うには、Safariでそれぞれのサポートページにアクセスし、設定を簡単に行うための「プロファイル」をインストールすればよい。初めてキャリアメールを利用する場合はランダムな英数字のメールアドレスが割り当てられるが、アカウントの設定時に好きなアドレスに変更できる。

追加したいアカウントの種類を選択する

自宅や会社のメールアカウントを追加する

1 メールアドレスとパスワードを入力する

「設定」→「メール」→「アカウント」→「アカウントを追加」→「その他」→「メールアカウントを追加」をタップ。自宅や会社のメールアドレス、パスワードなどを入力し、右上の「次へ」をタップする。

2 受信方法を選択しサーバ情報を入力

受信方法を選択し、IMAPもしくはPOPサーバおよびSMTPサーバ情報を入力後、「保存」をタップ

受信方法を「IMAP」と「POP」から選択。対応していればIMAPがおすすめだが、多くの場合はPOPで設定する。プロバイダや会社から指定されている、受信サーバおよび送信サーバ情報を入力しよう。

3 メールアカウントの追加を確認

アカウントを確認

サーバとの通信が確認されると、元の「アカウント」設定画面に戻る。追加したメールアカウントがアカウント一覧に表示されていればOK。

受信したメールを読む、返信する

1 メールアプリをタップして起動する

アカウントの追加を済ませたら、「メール」アプリを起動しよう。アイコンの右上にある①などの数字（バッジ）は、未読メール件数。

2 メールボックスをタップして開く

メールボックス画面では、追加したアカウントごとのメールを確認できるほか、「全受信」をタップすれば、すべてのアカウントの受信メールをまとめて確認できる。

3 読みたいメールをタップする

> メールボックス一覧に戻る

> 下にスワイプしてメールボックスを最新状態に更新し、新着メールをチェックできる

メールボックスを開くと受信メールが一覧表示されるので、読みたいメールをタップしよう。画面を下にスワイプすれば、手動でメールボックスを最新状態に更新し、新着メールをチェックできる。

4 メール本文を開いて読む

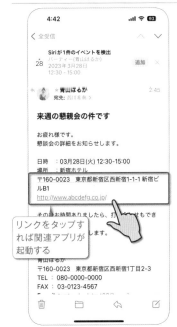

> リンクをタップすれば関連アプリが起動する

件名をタップするとメール本文が表示される。住所や電話番号はリンク表示になり、タップするとSafariやマップが起動したり、電話を発信できる。

5 返信・転送メールを作成するには

> メールの本文を開いた画面右下の矢印ボタンをタップ

右下の矢印ボタンから「返信」「全員に返信」「転送」メールなどを作成できる。「ゴミ箱」で削除したり、「フラグ」で重要なメールに印を付けることもできる。

6 返信メールは会話形式で表示される

> 会話形式が使いづらい場合は、「設定」→「メール」→「スレッドにまとめる」をオフにしよう

同じ件名で返信されたメールは、ひとつの画面でまとめて表示され、会話形式で表示される。右上の「∧」「∨」ボタンで前の／次のメールに移動する。

7 メールに添付されたファイルを開く

> タップしてプレビュー表示

> タップして保存。「画像を保存」を選ぶと「写真」アプリに保存される

添付ファイルが写真やPDF、オフィス文書の場合は、タップしてダウンロード後にプレビュー表示可能。また、ロングタップすればメニューが表示され、保存や別アプリで開くなど、さまざまな操作を行える。

新規メールを作成、送信する

1 新規メールを作成して宛先を入力する

新規メール作成ボタンをタップ

名前やアドレスを入力

画面右下にあるボタンをタップすると、新規メールの作成画面が開く。続けて「宛先」欄にメールアドレスを入力しよう。名前やアドレスの一部を入力すると、連絡先に登録されているデータから候補が表示されるので、これをタップして宛先に追加することもできる。

2 複数の相手に同じメールを送信する

リターンキーで宛先を確定させると、自動的に区切られて他の宛先を入力できるようになる。複数の宛先を入力し、同じメールをまとめて送信することが可能だ。

使いこなしヒント

連絡先のグループにメールを一斉送信する

連絡先アプリでリストを開いて上部のメールボタンをタップすると、リストの連絡先が全員宛先に追加された状態で新規メールの作成画面が開く。メール作成画面の宛先にリスト名を入力してもよい

連絡先アプリでリストを作成して連絡先を追加しておけば（P055で解説）、リスト内のすべての連絡先に対して、メールを一斉送信できるようになる。仕事先やサークルのメンバー、イベントの関係者など、複数の人に同じ文面のメールを送りたい時に活用しよう。

3 宛先にCc／Bcc欄を追加する

タップ

Cc、Bcc欄が表示される

複数の相手にCcやBccでメールを送信したい場合は、宛先欄の下の「Cc/Bcc,差出人」欄をタップすれば、Cc、Bcc、差出人欄が個別に開いてアドレスを入力できる。

4 差出人アドレスを変更する

「差出人」欄のアドレスをタップして変更。デフォルトの差出人アドレス設定方法はP061で解説

複数アカウントを設定しており、差出人アドレスを変更したい場合は、「差出人」欄をタップ。差出人として使用したいアドレスを選択しよう。

5 件名、本文を入力して送信する

タップして送信

宛先と差出人を設定したら、あとは件名と本文を入力して、右上の送信ボタンをタップすれば、メールを送信できる。

下書きメール／ファイルの添付／キーワード検索

> ### 作成中のメールを
> 下書き保存する

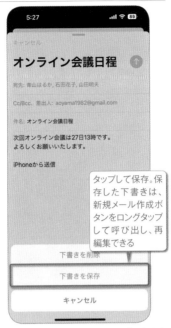

左上の「キャンセル」をタップして「下書きを
保存」で作成中のメールを下書き保存できる。
下書きメールを呼び出すには、新規メール作
成ボタンをロングタップする。

> ### 写真やファイル、手書き
> スケッチを添付する

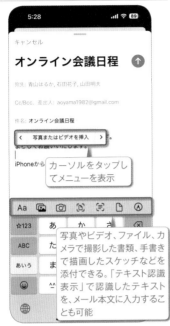

本文内のカーソルをタップすると表示される
メニューかキーボード上のショートカットボタ
ンから、さまざまなファイルを添付できる。

> ### メールをキーワード
> 検索する

メール一覧の上部「検索」欄で、メールの本文
や件名、差出人、宛先などをキーワード検索
できる。現在のメールボックスのみに絞って
検索することも可能。

送信取り消し／スケジュール送信／リマインダー

> ### メールの送信を
> 取り消す

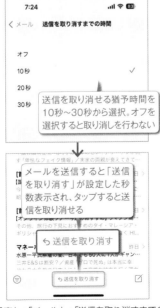

「設定」→「メール」→「送信を取り消すまでの
時間」を設定すると、送信ボタンをタップし
た後でも送信を取り消すことができる。設定
した秒数の間、メール一覧下部に「送信を取
り消す」ボタンが表示される。

> ### 指定した日時に
> メールを送信する

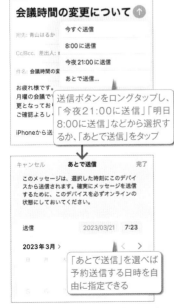

送信ボタンをロングタップして、表示されるメ
ニューで、このメールを送信する日時を予約
できる。期日が近づいたイベントの確認メー
ルを前日に送ったり、深夜に作成したメールを
翌朝になってから送りたい時に利用しよう。

> ### あらためて確認したい
> メールをリマインド

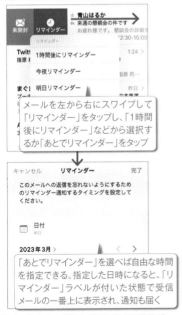

新着メールを今すぐ読んだり返信する時間が
ないときは、メールを左から右にスワイプし
て「リマインダー」をタップ。日時を選択する
と、指定した日時に改めて受信メールの一番
上に再表示されて通知も届く。

メールを操作、整理する

＞ 大量の未読メールを まとめて既読にする

左上の「すべてを選択」をタップし、下部の「マーク」→「開封済みにする」をタップ

大量にたまった未読メールは、メール一覧画面の「編集」をタップし、「すべてを選択」→「マーク」→「開封済みにする」をタップすれば、まとめて既読にできる。

＞ 重要なメールは 「フラグ」を付けて整理

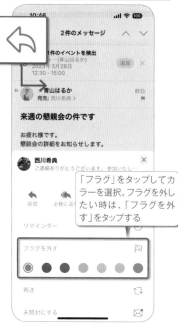

「フラグ」をタップしてカラーを選択。フラグを外したい時は、「フラグを外す」をタップする

重要なメールは、右下の返信ボタンから「フラグ」をタップし、好きなカラーのフラグを付けておこう。メールボックス一覧の「フラグ付き」で、フラグを付けたメールのみ表示できる。

＞ メールを左右に スワイプして操作する

右にスワイプ

左にスワイプ

メール一覧画面で、メールを右にスワイプすると「未開封（開封）」「リマインダー」、左にスワイプすると「その他」「フラグ」「ゴミ箱」操作を行える。Gmailのメールでは「ゴミ箱」の部分が「アーカイブ」となる。

＞ メールを他の メールボックスに移動

タップ

移動したいメールボックスをタップ

右下の返信ボタンから「メッセージを移動」で、メールを他のメールボックスに移動できる。左上の「戻る」をタップすれば、他のメールアカウントのメールボックスも選べる。

＞ すべての送信済みメール も表示する

編集

チェックする。アカウントごとに「送信済み」を確認するのは面倒なので、「すべて送信済み」を表示させておこう

メールボックス一覧の「編集」をタップし、「すべての送信済み」にチェックすれば、「全受信」と同様にすべてのアカウントの送信済みメールを、まとめて確認できるようになる。

＞ フィルタ機能でメールを 絞り込む

タップ

タップしてフィルタ条件を変更

適用中のフィルタ：
未開封

メール一覧画面で左下のフィルタボタンをタップすると、「未開封」などの条件で表示メールを絞り込める。フィルタ条件を変更するには「適用中のフィルタ」をタップ。

より便利に使う設定や操作法

> デフォルトの差出人を設定する

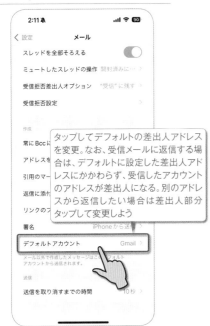

> タップしてデフォルトの差出人アドレスを変更。なお、受信メールに返信する場合は、デフォルトに設定した差出人アドレスにかかわらず、受信したアカウントのアドレスが差出人になる。別のアドレスから返信したい場合は差出人部分をタップして変更しよう

新規メールを作成する際のデフォルトの差出人アドレスは、「設定」→「メール」→「デフォルトアカウント」をタップすれば、他のアドレスに変更できる。

> 「iPhoneから送信」の署名を変更する

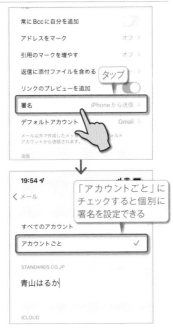

> 「アカウントごと」にチェックすると個別に署名を設定できる

メール作成時に本文に挿入される「iPhoneから送信」という署名は、「設定」→「メール」→「署名」で変更できる。自分の名前などを入力しておこう。アカウントごとに個別の署名を設定可能だ。

> メール削除前に確認するようにする

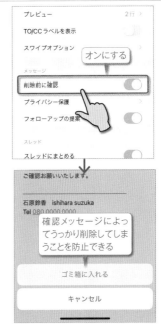

> オンにする

> 確認メッセージによってうっかり削除してしまうことを防止できる

「設定」→「メール」→「削除前に確認」をオンにしておくと、メールを削除する際に、「ゴミ箱に入れる」という確認メッセージが表示されるようになる。

複数のアカウントを効率よくチェックする

> アカウントごとに通知を設定する

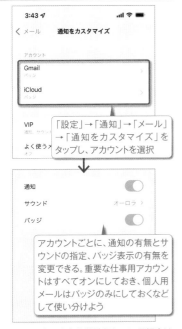

> 「設定」→「通知」→「メール」→「通知をカスタマイズ」をタップし、アカウントを選択

> アカウントごとに、通知の有無とサウンドの指定、バッジ表示の有無を変更できる。重要な仕事用アカウントはすべてオンにしておき、個人用メールはバッジのみにしておくなどして使い分けよう

メールアカウントを複数追加している場合は、「設定」→「通知」→「メール」→「通知をカスタマイズ」で、アカウントごとに通知設定を変更することが可能だ。

> アカウント別にウィジェットを配置

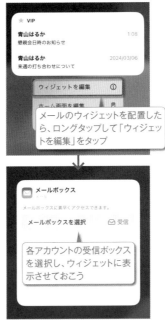

> メールのウィジェットを配置したら、ロングタップして「ウィジェットを編集」をタップ

> 各アカウントの受信ボックスを選択し、ウィジェットに表示させておこう

メールアカウントを複数追加している場合は、アカウントごとの受信ボックスをウィジェット（P026で解説）で表示させておこう。それぞれの新着メールを、ホーム画面で素早く確認できる。

> ウィジェットをスタックさせる

> 同じサイズのメールウィジェットはドラッグして重ねられる

> ウィジェット内を上下にスワイプすると、表示するアカウントを切り替えて新着メールをチェックできる

アカウントごとのウィジェットを個別に配置するとスペースを取って邪魔なので、重ね合わせてスタックしておくのがおすすめだ。ウィジェット内を上下にスワイプするだけで、表示するアカウントを切り替えできる。

メッセージ

「メッセージ」で使える3種類のサービスを知ろう

宛先によって使うサービスが自動で切り替わる

　「メッセージ」は、LINEのように会話形式でメッセージをやり取りできるアプリ。このアプリを使って、iPhoneやiPad、Mac相手に送受信きる「iMessage」と、電話番号で送受信する「SMS」、キャリアメール（@au.com／@ezweb.ne.jp、@softbank.ne.jp）で送受信する「MMS」の、3種類のメッセージサービスを利用できる。使用するサービスは自分で選択するのではなく、メッセージアプリが宛先から判断して自動で切り替える仕組み。それぞれのサービスの特徴、切り替わる条件、どのサービスでやり取りしているかの確認方法を右にまとめている。

使い始め POINT

送受信できるメッセージの種類と条件

iMessage iPhoneやiPad、Macに送信

iMessage機能を有効にしたiPhoneやiPad、Mac相手に無料でメッセージをやり取りできる。画像や動画の添付も可能。宛先は電話番号またはApple IDのメールアドレス（アドレスは追加可能）で、画像や動画、音声の添付はもちろん、ステッカーやエフェクト、開封証明や位置情報の送信など、多彩な機能を利用できる。

SMS 電話番号宛てにテキストを送信

スマートフォンやガラケーの電話番号宛てに全角670文字までのテキストを送信できる。画像などは添付できず、1通あたり3円〜30円の料金がかかる

MMS Android端末やパソコンのメールに送信

Androidスマートフォンやパソコンのメールアドレス宛てに画像、動画を添付したメッセージを無料で送信できる。ただしMMSアドレスを使えるのはauとソフトバンクのみ。ドコモ版はMMS非対応なので、iPhoneやiPad、Mac以外の相手とメッセージアプリで画像や動画をやり取りできない。メールやLINEなど他のアプリを利用しよう。

使用中のメッセージサービスの見分け方

● iMessage

> こんばんは
> 配信済み

iMessageで送信したメッセージは、自分のフキダシが青色になる

● SMS／MMS

> こんばんは

SMSまたはMMSで送信したメッセージは、自分のフキダシが緑色になる

---

iMessage／MMSを利用可能な状態にする

＞ iMessageを利用可能な状態にする

オンにするとiMessageが有効になる

タップしてApple IDでサインインすれば、メッセージの送受信に使うアドレスを複数選択できる

「設定」→「メッセージ」で「iMessage」をオン。「送受信」をタップしApple IDでサインインを済ませれば、電話番号以外にApple IDを送受信アドレスとしてもやり取りが可能になる。

＞ （設定）

「設定」でApple IDをタップ

西川希典
Apple ID、iCloud+、メディアと購入

機内モード

Wi-Fi　aterm-482f4b-g

@gmail.com

メールまたは電話番号を追加

「サインインとセキュリティ」→「編集」→「メールまたは電話番号を追加」で、新しい送受信アドレスを追加できる

Appleでサインイン

電話番号とApple ID以外の送受信アドレスは、「設定」上部のApple IDをタップして開き、「サインインとセキュリティ」→「編集」をタップして追加できる。

＞ MMSを利用可能な状態にする

オンにする。ドコモ版だと、MMS関連の項目は表示されず設定できない

MMS メッセージ

キャリアメールアドレスを入力

@softbank.ne.jp

auとソフトバンクのiPhoneのみ、「設定」→「メッセージ」で「MMSメッセージ」をオンにし、「MMSメールアドレス」にキャリアメールを入力しておけば、MMSを利用できる。

メッセージアプリでメッセージをやり取りする

1 新規メッセージを作成する

タップして新規メッセージを作成。すでにやり取りしたことがある相手にメッセージを送信する場合は、この画面のスレッド一覧から名前をタップしよう

iMessageやMMSの設定を済ませたら、「メッセージ」アプリを起動しよう。右上のボタンをタップすると、新規メッセージの作成画面が開く。

2 宛先を入力または連絡先から選択する

iMessageで送信できる相手は青い文字、SMS／MMSの送信になる相手は緑の文字で表示される

「宛先」欄で宛先（電話番号やメールアドレス、連絡先に登録している名前）を入力するか、「＋」ボタンで連絡先から選択しよう。iMessageを利用可能な相手は、青い文字で表示される。

3 メッセージを入力して送信する

メッセージ入力欄にメッセージを入力して、右端の「↑」ボタンをタップすれば、メッセージが送信される。相手とのやり取りはフキダシの会話形式で表示される。

4 メッセージの送信を取り消す

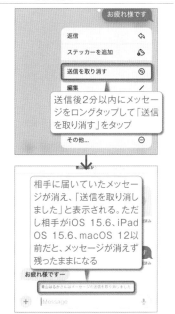

送信後2分以内にメッセージをロングタップして「送信を取り消す」をタップ

相手に届いていたメッセージが消え、「送信を取り消しました」と表示される。ただし相手がiOS 15.6、iPadOS 15.6、macOS 12以前だと、メッセージが消えず残ったままになる

メッセージを送信して2分以内なら送信を取り消せる。ただし、取り消せるのはiMessageのみでSMSやMMSは非対応。また、相手のiOSのバージョンが古いと送信を取り消しても相手に届いたメッセージは消えない。

5 送信したメッセージを編集する

送信後15分以内にメッセージをロングタップして「編集」をタップし、内容を書き換える

相手には編集後のメッセージが表示されるが、「編集済み」ボタンで編集前のメッセージも確認できる。また、相手がiOS 15.6、iPadOS 15.6、macOS 12以前だと編集前のメッセージが残ったまま編集後のメッセージも届く

メッセージを送信して15分以内なら内容を編集して修正できる。ただし、編集が可能なのはiMessageのみでSMSやMMSは非対応。また、相手側に届いた編集後のメッセージは編集前の履歴も確認できる。

6 削除したメッセージを復元する

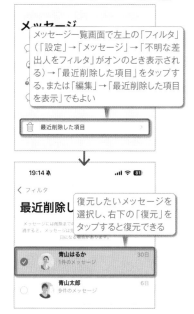

メッセージ一覧画面で左上の「フィルタ」（「設定」→「メッセージ」→「不明な差出人をフィルタ」がオンのとき表示される）→「最近削除した項目」をタップする。または「編集」→「最近削除した項目を表示」でもよい

復元したいメッセージを選択し、右下の「復元」をタップすると復元できる

メッセージを誤って削除しても30日以内なら復元できる。画面左上の「フィルタ」→「最近削除した項目」または「編集」→「最近削除した項目を表示」をタップし、復元したいメッセージを選択しよう。

写真やステッカー、オーディオメッセージを送受信する

1 メッセージで写真やビデオを送信する

メッセージ入力欄左の「+」→「写真」をタップすると、写真やビデオを選択して送信できる。「+」→「カメラ」をタップしてカメラを起動し、写真を撮影して送信することもできる。

2 メッセージに動きやエフェクトを加えて送信

送信(「↑」)ボタンをロングタップすれば、フキダシや背景にさまざまな特殊効果を追加する、メッセージエフェクトを利用できる。

3 ステッカーをインストールする

メッセージでは、LINEの「スタンプ」のようにイラストやアニメーションでコミュニケーションする「ステッカー」を利用可能だ。「+」→「その他」→「ストア」から好きなステッカーを入手しよう。なお、写真からオリジナルのステッカーを作成することもできる（P099で解説）。

4 ステッカーを送信したり吹き出しに重ねる

メッセージ入力欄左の「+」→「ステッカー」をタップすると、ステッカーが一覧表示される。好きなステッカーを選択して送信するか、ドラッグして吹き出しに重ねよう。

5 ミー文字で自分の表情と声を送る

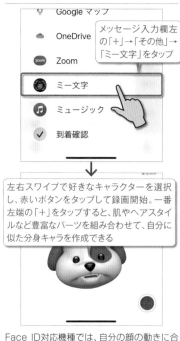

Face ID対応機種では、自分の顔の動きに合わせて表情が動くキャラクターを音声と一緒に送信する「ミー文字」を利用できる。自分の分身キャラを作成することもできる。

6 オーディオメッセージを送受信する

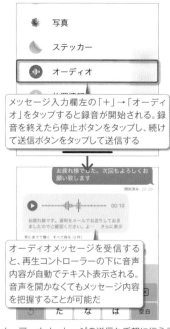

オーディオメッセージの送信も手軽に行える。送受信した音声はメッセージアプリ内で再生できるほか、相手は録音内容が自動的にテキスト化された状態で受信できる。

3人以上のグループでメッセージをやり取りする

1 複数の連絡先を入力する

メッセージアプリでは、複数人でグループメッセージをやり取りすることも可能だ。新規メッセージを作成し、「宛先」欄に複数の連絡先を入力するだけで、ひとつの画面で3人以上で会話を行えるようになる。

2 特定のメッセージや相手に返信する

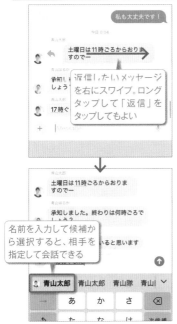

メッセージを右にスワイプするか、ロングタップして「返信」をタップすると、元のメッセージを引用して返信メッセージを送信できる。また入力欄に相手の名前を入力して候補から選択すると、グループ内の特定の相手を指定して話しかけることができる。

3 詳細画面で連絡先を追加する

メッセージ画面の上部のユーザー名をタップすると、「連絡先を追加」でグループに連絡先（新たなメンバー）を追加したり、「名前と写真を変更」でグループに名前を付けられる。

その他メッセージで使える便利な機能

メッセージにリアクションする

メッセージの吹き出しをダブルタップすると、ハートやいいねなどで、メッセージに対して簡単なリアクションができる。

手書きでメッセージを送る

「画面縦向きのロック」がオフの状態で本体を横向きにし、手書きキーをタップすると、手書きでメッセージを送信できる。

メッセージを素早く検索する

メッセージ一覧上部の検索欄で全文検索ができる。送信元やリンク、写真、位置情報などフィルタで検索結果の絞り込みが可能だ。

「開封済み」を表示させない

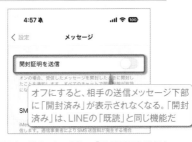

「設定」→「メッセージ」→「開封証明を送信」をオフにしておくと、メッセージを開いて読んだかを相手に伝えなくなる。

特定の相手の通知をオフにする

メッセージ一覧でスレッドを左にスワイプし「通知を非表示」ボタンをタップすると、この相手の通知を非表示にできる。

詳細な送受信時刻を確認する

メッセージ画面を左にスワイプすると、普段は表示されない各メッセージ個別の送受信時刻が、右端に表示される。

FaceTime

さまざまなデバイスと無料でビデオ通話や音声通話ができる

高品質なビデオ／音声通話を無料で楽しめる

「FaceTime」は、ビデオ通話や音声通話を行えるアプリだ。Appleデバイス同士での通話はもちろん、一部の機能が制限されるがWindowsやAndroidユーザーともWebブラウザ経由で通話できるので、オンラインミーティングなどに活用しよう。通話はAppleのサーバーを介して行われ、通話料も一切かからない。映像や音声も高品質で、他の無料通話アプリ以上の快適さを体験できる。また、「SharePlay」（P103で解説）を使えば、FaceTimeで通話している相手と同じ映像や音楽を一緒に楽しむことができる。Webサイトや書類などの画面を共有することも可能だ。

使い始め POINT

FaceTimeを利用可能な状態にする

FaceTimeを利用するには、まず「設定」→「FaceTime」で「FaceTime」をオンにする。続けて「FaceTimeにApple IDを使用」をタップしてサインインすれば、電話番号以外にApple IDでもFaceTimeの発着信が可能になる。メッセージと同様に、電話番号とApple ID以外の発着信アドレスを追加することも可能だ（P062で解説）。iPadでもFaceTimeが同時に着信して困る場合はP106を参照。

> 「設定」→「FaceTime」→「FaceTime」のスイッチをオンにするとFaceTimeが有効になる

> 「設定」上部のApple IDをタップし、「サインインとセキュリティ」→「編集」→「メールまたは電話番号を追加」で、FaceTime用の新しい発着信アドレスを追加できる

> タップしてApple IDでサインインすれば、FaceTimeの発着信に使うアドレスを複数選択できる

FaceTimeでビデオ／音声通話を行う

1 FaceTimeを発信する

> 青文字で表示される宛先なら、相手もAppleデバイスだ

> 音声またはビデオ通話ボタンで発信。電話アプリの履歴や連絡先からでも発信できる

Appleデバイス同士で通話するには、「新規FaceTime」をタップして宛先（電話番号やメールアドレス、連絡先に登録している名前）を入力。受話器ボタンで音声通話を、「FaceTime」ボタンでビデオ通話を発信できる。

2 FaceTimeビデオの通話画面

> タップして通話終了

> ビデオ通話中はカメラではなく画面に映った相手を見ながら会話しがちだが、「設定」→「FaceTime」→「アイコンタクト」をオンにすると、視線のズレが自動補正され、カメラを見ていなくても相手と視線の合った自然なビデオ通話になる

FaceTimeビデオの通話中に画面内をタップすると、上部に通話相手の名前や、スピーカー、カメラ、消音、画面共有、通話終了ボタンが表示される。また、通話画面を撮影するシャッターボタンも表示される。

3 自分のタイルで行える操作

> タップすると背景をぼかす

> エフェクトボタン。ミー文字やステッカーを利用できる

自分が映ったタイルをタップすると、左上のボタンで背景をぼかしたり、左下のボタンでミー文字やエフェクトなどを適用できる。タイルの外をタップすると元の画面に戻る。

FaceTimeの各種操作方法

1 FaceTimeの受け方と着信音を即座に消す方法

音量調節ボタンを押せば着信音がすぐに消える

サイドボタンを押しても着信音が消える。2回押すと終了(拒否)になる

右にドラッグすればFaceTimeに応答できる

画面ロック中にかかってきたFaceTime通話は、受話器アイコンを右にドラッグすれば応答できる。ホーム画面やアプリ使用中にかかってきた場合は、応答ボタンか応答拒否ボタンをタップして対応する。

2 FaceTimeでグループ通話を行う

タップして参加者を追加

上部のメニューで通話相手の名前をタップし、続けて「参加者を追加」をタップすると、このFaceTime通話に他の参加者を追加できる。最大32人で同時に通話することが可能だ。

3 応答できない時の対処法

「あとで通知」をタップすると、「ここを出るとき」や「1時間後」に通知するよう、リマインダーに登録できる

「メッセージを送信」をタップすると、応答できない理由をメッセージで送信できる。定型文は「設定」→「電話」→「テキストメッセージで返信」で編集可能

かかってきたFaceTime通話に出られないときは、「あとで通知」をタップしてリマインダーに登録したり、「メッセージを送信」をタップして定型文を送信できる。

4 AndroidやWindowsと通話する

「リンクを作成」をタップし、作成されたリンクをメールやメッセージで送信する

メールを受け取った側は、リンクをタップするとWebブラウザでFaceTimeの通話に参加できる

「リンクを作成」で作成したリンクを招待したい相手にメールやメッセージで伝えれば、AndroidやWindowsユーザーでもWebブラウザでFaceTimeの通話に参加できる。

5 相手の不在時にメッセージを残す

タップすると、カウントダウン後に録画が開始されビデオメッセージを残せる

不在メッセージを受け取った側は、履歴画面の「ビデオ」をタップすると、受信したビデオメッセージを再生したり保存できる

FaceTimeビデオで発信した場合のみ、相手が応答しなかったり拒否した際に「ビデオ収録」ボタンが表示され、留守番メッセージを録画して送信できる。

6 ジェスチャーでエフェクトを表示する

たとえば両手でサムズアップ(親指を立てるジェスチャー)すると、通話画面に花火のアニメーションが表示される

自分のタイルをロングタップし、メニューからジェスチャーのアニメーションを選択することもできる

FaceTimeビデオの通話中は、特定のハンドジェスチャーをカメラに向けることで、画面にハートマークや花火など8種類のアニメーションを表示できる。

カメラ

カメラの基本操作と撮影テクニックを覚えよう

コマ送りビデオや
スローモーション動画も
撮影できる

「カメラ」は、写真や動画を撮影するためのアプリだ。起動して画面内のシャッターボタンをタップするか、本体側面の音量調節ボタンを押せば撮影できる。一定間隔ごとに撮影した写真をつなげてコマ送りビデオを作成する「タイムラプス」や、動画の途中をスローモーション再生にできる「スローモーション」、シャッターを押した前後3秒の動画を保存し動く写真を作成できる「Live Photos」など、多彩な撮影モードも用意されている。また、一部の機種では、「ポートレートモード」で背景をぼかしたり、超広角レンズに切り替えてより広い範囲を撮影したり、ナイトモードで夜景を明るく撮影できる。

使い始め POINT

**撮影した写真はすぐに
確認、編集、共有、削除できる**

カメラの画面左下には、直前に撮影した写真のサムネイルが表示される。これをタップすると写真が表示され、編集や共有（メールやメッセージなどで送信）、削除を行える。なお、撮影したすべての写真やビデオは、「写真」アプリ（P072で解説）に保存される。

左から共有、お気に入り、情報、編集、削除ボタン

タップして撮影した写真をすぐに確認できる

カメラアプリの基本操作

1 ピントを合わせて写真を撮影する

基本的には自動でピントが合うが、うまく合わない時は画面内の被写体をタップしよう

タップして撮影。本体の音量調節ボタンでもシャッターを切れる

黄色い文字で「写真」と表示されていることを確認し（「写真」以外の場合は左右にスワイプして変更）、画面下部の丸いシャッターボタンを押して撮影する。

2 セルフィー（自撮り）写真を撮影する

フロントカメラで撮影した写真は、通常左右が逆になって保存されるが、「設定」→「カメラ」→「前面カメラを左右反転」をオンにしておくと、カメラに写ったそのままの向きで保存されるようになる

もう一度タップすると背面カメラに戻る

カメラを起動したら、右下の回転マークが付いたボタンをタップしよう。フロントカメラに切り替わり、セルフィー（自撮り）写真を撮影できる。

3 ビデオモードで動画を撮影する

「4K」や「24」をタップすると、ワンタップで解像度やFPS（1秒間のフレーム数）を切り替えて撮影できる

画面をスワイプして「ビデオ」に合わせる

アップして録画を開始／停止

画面内を右にスワイプして「ビデオ」モードに切り替え、赤丸ボタンをタップするとビデオを撮影できる。写真と同様に、右下のボタンをタップすればフロントカメラで自撮り録画が可能だ。

カメラのオプション機能を利用する ※一部の機能はビデオ撮影時にも利用可能

1 超広角カメラで撮影する

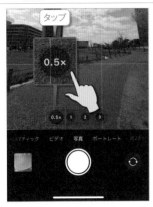

iPhone 15シリーズなど一部の機種では、画面内に表示された「.5」ボタンをタップすると超広角カメラに切り替わり、より広い範囲を写真に収めることができる。

2 望遠カメラやデジタルズームで撮影する

タップするとこの倍率の望遠カメラに切り替わり、画質の劣化なしに光学ズームで撮影できる。左右にスワイプするとより高倍率のデジタルズームで撮影できるが、画質は劣化する

「2」や「3」をタップすると2倍や3倍の光学ズーム撮影ができるほか、左右にスワイプして最大15倍（iPhone 15 Pro、14 Pro、13 Proの場合。15 Pro Maxは最大25倍）のデジタルズーム撮影が可能。

3 タップした場所で露出を決定する

手前の暗い場所にピントが合って奥の明るい壁や空が白飛びする場合は、明るい部分をタップしてみよう。全体的に少し暗くなるが、奥の壁や空がはっきり写るようになる

iPhoneのカメラはタップした場所に合わせてピントと露出が自動調整される。暗いところをタップすれば明るくなり、明るいところをタップすれば暗くなる。

4 露出を手動で調整する

スライダーをドラッグして調整。＋でより明るく、－で暗く撮影できる。ビデオモードでも同様の調整が可能だ

画面上部の「∧」をタップしてメニューを開き、「±」ボタンをタップすると、露出レベルをスライダーで調整し、その数値で固定したまま撮影できる。

5 フラッシュを使用して撮影する

タップしたまま上下にドラッグして調整。「±」ボタンによる露出レベルと組み合わせれば、さらに画面を明るく／暗くできる

画面をタップしてピントと露出を合わせ、そのまま上下にドラッグして露出を手動調整することもできる。上にドラッグすれば明るく、下にドラッグすれば暗くなる。

フラッシュを使うと写真の色合いが不自然になりがちなので、基本はオフにしておき、ナイトモードや露出の調整で対応するのがおすすめ

左上のボタンでフラッシュの自動／オフが切り替わる。上部の「∧」でメニューを開き、フラッシュボタンをタップして「オン」を選択すると強制的に発光する。

6 フォトグラフスタイルでトーンや暖かみを調整

メニューを開き、四角が3つ重なったフォトグラフスタイルボタンをタップしたら、画面を左右にスワイプして「鮮やか」や「暖かい」といったスタイルを選択しよう。それぞれのスタイルで、トーンや暖かみを個別に調整することも可能

画面上部の「∧」をタップしてメニューを開き、「フォトグラフスタイル」ボタンをタップすると、写真のトーンや暖かみが異なるスタイルを選んで撮影できる。

7 アスペクト比を変更して撮影する

アスペクト比をスクエア／4:3／16:9から選択できる

画面上部の「∧」をタップしてメニューを開き、「4:3」などのボタンをタップすると、写真のアスペクト比（縦横比）をスクエア／4:3／16:9から選択できる。

8 セルフタイマーとフィルタを設定する

「∧」でメニューを開いてタイマーボタンをタップすると、セルフタイマーをなし／3秒／10秒に設定できる。またフィルタボタンでフィルタ効果を付けて撮影できる。

カメラの多彩な撮影モードを利用する

1 タイムラプスで コマ送り動画を撮影する

「タイムラプス」は、一定時間ごとに静止画を撮影し、それをつなげてコマ送りビデオを作成できる撮影モード。長時間動画を高速再生した味のある動画を楽しめる。

2 スローで指定箇所だけ ゆっくり再生

「スロー」は、動画の一部をスロー再生にするモード。写真アプリでスローモーションビデオの編集画面を開くと、下部のバーでスロー再生にする範囲を変更できる。

3 ポートレートモードで 背景をぼかして撮影

左右にスワイプすると、「スタジオ照明」などの照明エフェクトを変更できる

上部の「f」ボタンをタップすると、このバーで被写界深度（F値）を変更してぼかし具合の強さを調整できる

iPhone 15シリーズなど一部の機種では、「ポートレートモード」で一眼レフのような背景をぼかした写真を撮影できる。照明エフェクトや被写界深度も変更可能だ。

4 横や縦に長い パノラマ写真を撮影する

「パノラマ」モードでは、シャッターをタップして本体をゆっくり動かすことで、横に長いパノラマ写真を撮影できる。本体を横向きにすれば、縦長の撮影も可能。

5 バースト（連写） モードで撮影する

シャッターボタンを左にスワイプして連写。この操作に対応していない機種は、シャッターボタンをロングタップして連写できる

「選択」をタップし、よく写ったものだけチェックを入れて「完了」をタップ。「○枚のお気に入りのみ残す」を選択すると、残りの不要な写真が削除される

iPhone 15シリーズなど一部の機種は、シャッターボタンを左にスワイプすると、1秒間に10枚のバーストモードで連写できる。指を離すと連写が終了する。

写真アプリで連写した写真を開いても1枚しか表示されないが、「選択」をタップすると残りの写真も一覧表示され、よく写ったものだけを選択して残せる。

6 Live Photosを 撮影する

オンにして撮影すると、前後3秒の動画も記録される。写真アプリでLive Photos写真を開き、画面内をタップし続けると、写真が動き出す

画面右上の「Live Photos」ボタンがオンの状態で写真を撮影すると、シャッターを切った時点の静止画に加え、前後1.5秒ずつ合計3秒の映像と音声も記録される。

7 ナイトモードで 夜景を明るく撮影

ナイトモード撮影時は、左上にアイコンと露出秒数が表示される。シャッターを押してから撮影が終わるまでなるべくiPhoneを動かさないようにしよう。またナイトモードのアイコンをタップすると、露出時間をより長くしたり、ナイトモードをオフにできる

iPhone 15シリーズなど一部の機種は、暗い場所でカメラを起動すると自動的にナイトモードに切り替わり、長時間露光で暗闇を明るく撮影することができる。

8 マクロ写真や マクロビデオを撮影する

タップするとマクロモードがオフになる

iPhone 15 Pro／14 Pro／13 Proシリーズは、被写体にカメラを2cmまで近づけると自動的に超広角カメラに切り替わり、至近距離にピントが合った状態で接写できる。

シネマティックモードで映画のような動画を撮影

1 シネマティックモードの撮影画面

カメラアプリの撮影モードを「シネマティック」(iPhone 15 Pro／14 Pro／13 Proシリーズのみ対応)に切り替えて撮影すると、背景をぼかしつつ人やものにピントを合わせて目立たせた、映画のようなビデオになる。ピントはその時の画面に最適な被写体に合うほか、画面内をタップしてピントの位置を手動で変更することも可能だ。

自動で追尾する被写体を指定したいときは、フォーカスの黄色い枠をタップしよう。「AFトラッキングロック」と表示され、この被写体が動いても、常にこの被写体にピントが合うようになる。

画面上部(横向き時は画面左)の「∧」ボタンをタップすると、3つのボタンが表示される。「±」は、露出を調整した画面を明るく／暗くするボタン。「f」は、被写界深度を変更して背景のボケ具合を調整するボタン。雷マークのボタンはフラッシュを自動／オン／オフに切り替えるボタンだ。また、「1x」や「2x」のボタンを左右にスワイプするとズームインできる。なお、シネマティックモードでは0.5xの超広角レンズは使用できない

2 被写界深度やピントを変更する

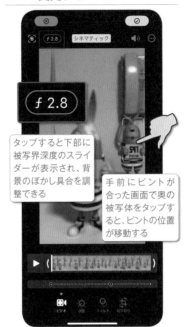

タップすると下部に被写界深度のスライダーが表示され、背景のぼかし具合を調整できる

手前にピントが合った画面で奥の被写体をタップすると、ピントの位置が移動する

シネマティックモードのビデオは、あとからでも被写界深度やピントを変更可能だ。写真アプリでビデオを開いたら「編集」をタップ。左上の「f」ボタンで被写界深度を調整できる。また画面内をタップすると、ピントを合わせる被写体を変更できる。

カメラの便利な操作法

1 写真モードで素早く動画を撮影

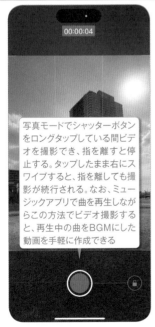

写真モードでシャッターボタンをロングタップしている間ビデオを撮影でき、指を離すと停止する。タップしたまま右にスワイプすると、指を離しても撮影が続行される。なお、ミュージックアプリで曲を再生しながらこの方法でビデオ撮影すると、再生中の曲をBGMにした動画を手軽に作成できる

iPhone 15シリーズなど一部の機種では、写真モードでもシャッターボタンをロングタップすると、素早くビデオ撮影ができる(QuickTake機能)。そのまま右にスワイプすれば、指を離しても撮影が続行される。

2 ロック画面からカメラを素早く起動する

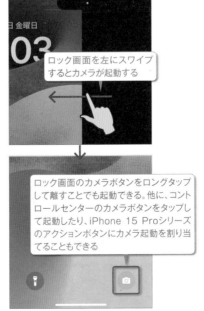

ロック画面を左にスワイプするとカメラが起動する

ロック画面のカメラボタンをロングタップして離すことでも起動できる。他に、コントロールセンターのカメラボタンをタップして起動したり、iPhone 15 Proシリーズのアクションボタンにカメラ起動を割り当てることもできる

カメラは、ロック画面を左にスワイプするだけで起動できるので覚えておこう。他にも、ロック画面のカメラボタンをロングタップするなどいくつか起動方法がある。

3 カメラで捉えた文字や文章を活用する

カメラのテキスト認識ボタンをタップすると、画面内の文字を認識し、ロングタップしてコピーできる。写真アプリでも同様の操作が可能だ(P075で解説)

外国語の書類などにカメラを向けてテキスト認識ボタンをタップし、左下の「翻訳」ボタンをタップすると、認識したテキストが日本語に翻訳されて表示される

書類などにiPhoneのカメラを向け、画面内のテキスト認識ボタンをタップするだけで、カメラに表示中の文字を認識し、コピーや翻訳が可能になる。

写真

撮影した写真やビデオを管理・閲覧・編集・共有する

閲覧だけでなく編集や共有、クラウド保存も可能

　iPhoneで撮影した写真やビデオは、すべて「写真」アプリに保存されている。写真アプリでは、写真やビデオの表示はもちろん、アルバムによる管理や本格的な加工、編集も行える。写っている被写体をキーワードに目当ての写真を探し出したり、自動でテーマに沿ったスライドショーを作成したりといった、思い出を楽しむための強力な機能にも注目したい。また、撮影した写真を自動的にiCloudへ保存することも可能だ。大事な写真をバックアップしておきたい場合は、ぜひ活用しよう。まずは、画面下部のメニューごとに、写真やビデオがどのように扱われるかを理解しよう。

使い始め POINT

撮影した写真の確認は「最近の項目」が基本

マイアルバム　　　すべて表示

タップ

最近の項目　　　北海道
3,402　　　　　10

すべての写真とビデオを表示。一番新しいものが一番下に表示される

3,159枚の写真、244本のビデオ

　撮影した写真やビデオがどこに保存されているのか分からない場合は、とりあえず写真アプリの下部メニュー「アルバム」にある、「最近の項目」をタップしてみよう。iPhoneで撮影した写真や動画、保存した画像などが、すべて撮影順に保存されている。アルバム画面を下へスクロールすると、「ビデオ」や「パノラマ」など、撮影モード別のアルバムも利用できる。

写真アプリの下部メニューの違いと機能

「アルバム」で写真やビデオをアルバム別に整理

お気に入り　　　釣り
10

共有アル

タップして開く。画面左上の「＋」をタップして新規アルバム作成も可能

「アルバム」では、「最近の項目」「ビデオ」「共有アルバム」などアルバム別に写真や動画を管理できる。

「検索」で写真をキーワード検索する

西川希典

撮影地

「猫」や「花」といった具体的なワードで検索できる。また写真につけたキャプション（P073で解説）でもヒットする

「検索」では、ピープルや撮影地、カテゴリなどで写真を探せるほか、被写体やキャプションをキーワードにして検索できる。

ベストショットを楽しむ「ライブラリ」

3月23日
中央区

タップ

「ライブラリ」では年別／月別／日別のベストショット写真が表示される。似たような構図や写りの悪い写真は省かれるので、見栄えのいい写真だけで思い出を楽しめる。

共有相手などを提案する「For You」

For You

メモリー　　　すべて表示

中野区と豊島区
2022年3月28日

おすすめ　タップ

「For You」では、写っている人物との共有を提案したり、おすすめの写真やエフェクトが提案されるほか、メモリーや共有アルバムのアクティビティも表示される。

写真やビデオの閲覧とキャプションの追加

> 写真を閲覧する

ピンチアウト/インで拡大／縮小

各メニューで写真のサムネイルをタップすれば、その写真が表示される。画面内をさらにタップすると全画面表示、ピンチアウト/インで拡大／縮小表示が可能。

> ビデオを再生する

再生／一時停止とスピーカーボタン。メニューが表示されない時は画面内を一度タップする

ビデオのサムネイルをタップすると、自動で再生が開始される。下部メニューで一時停止やスピーカーのオン／オフが可能。

> 写真にキャプションを追加する

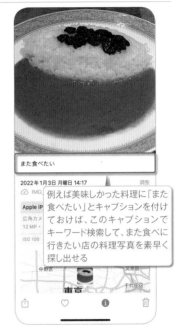

例えば美味しかった料理に「また食べたい」とキャプションを付けておけば、このキャプションでキーワード検索して、また食べに行きたい店の料理写真を素早く探し出せる

「i」ボタンをタップするか写真を上にスワイプすると、写っている人物や撮影地などの詳細が表示され、「キャプションを追加」欄にメモを記入できる。このキャプションは検索対象になるのでタグのように使える。

複数の写真やビデオの選択&削除と検索機能

> 写真やビデオをスワイプして複数選択する

スワイプ

写真やビデオは、右上の「選択」をタップすれば選択できる。複数選択する場合は、ひとつひとつタップしなくても、スワイプでまとめて選択可能だ。

> 写真やビデオを削除、復元する

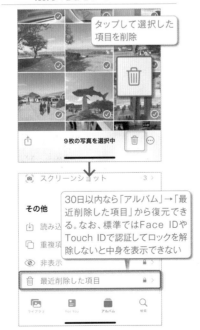

タップして選択した項目を削除

30日以内なら「アルバム」→「最近削除した項目」から復元できる。なお、標準ではFace IDやTouch IDで認証してロックを解除しないと中身を表示できない

ゴミ箱ボタンをタップすれば選択した写真やビデオを削除できる。削除した写真やビデオは、30日以内なら「アルバム」→「最近削除した項目」に残っており復元できる。

> 強力な検索機能を活用する

上部の検索欄では、「猫」や「花」といった具体的なワードで検索できる。また写真に付けたキャプションでもヒットする

撮影地やカテゴリの自動分類から探すこともできる

下部メニューの「検索」画面では、ピープルや撮影地、カテゴリなどで写真を探せるほか、被写体やキャプションをキーワードにして検索できる。

写真やビデオを編集する

1 写真やビデオを開いて 編集モードにする

写真やビデオを開いて上部の編集ボタンを
タップすると、編集モードになる。編集後は、
左上の「×」でキャンセル、右上のチェックで
編集を適用できる。

2 写真の明るさや色合い などの質感を編集する

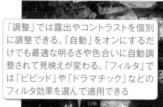

「調整」では露出やコントラストを個別
に調整できる。「自動」をオンにするだ
けでも最適な明るさや色合いに自動調
整されて見映えが変わる。「フィルタ」で
は「ビビッド」や「ドラマチック」などの
フィルタ効果を選んで適用できる

下部の「調整」ボタンで写真やビデオの明る
さや色合いを編集できる。また「フィルタ」ボ
タンで全体的な雰囲気を変える各種フィルタ
を適用できる。

3 トリミングで 構図を整える

下部メニューで「スクエア」「16:9」など縦
横比の比率を選択し、写真やビデオの白枠を
ドラッグしてトリミング範囲を調整。「自由形
式」では縦横比を自由に変更できる

下部の「切り取り」ボタンで写真やビデオの
トリミングを行える。上部のアスペクト比ボ
タンをタップすると、スクエアや16:9サイ
ズにトリミングできる。

4 写真やビデオの 傾き補正を行う

「切り取り」画面では、下部のバーで傾き、縦
方向、横方向の補正も行える。傾いた写真は、
上部の「自動」をタップするだけで自動的に
修正してくれる。

5 ビデオの不要部分 をカットする

ビデオの場合は、下部左端の「ビデオ」ボタン
でカット編集も行える。フレームビューアの
左右端をドラッグし、切り取って残したい範
囲を選択しよう。

6 ポートレート写真 を編集する

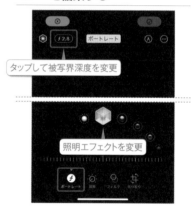

背景をぼかしたポートレート写真の場合は、
下部左端の「ポートレート」ボタンで、後から
でもぼかし具合や照明エフェクトを変更する
ことが可能だ。

7 編集をリセットし 元の状態に戻す

編集を適用した写真やビデオも、「編集」→
「元に戻す」→「オリジナルに戻す」をタップ
するだけで、簡単に編集前の状態に戻すこと
ができる。

8 編集内容を他の写真や ビデオに適用する

右上の「…」→「編集内容を
コピー」をタップ。編集を完
了せずに編集途中でもコ
ピーできる。トリミングや傾
き修正はコピーされない

写真やビデオに加えた編集内容は、コピーし
て他の写真やビデオに同じ編集を適用するこ
とが可能だ。まず右上の「…」→「編集内容を
コピー」をタップしよう。

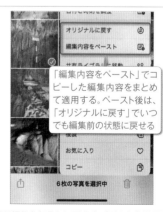

「編集内容をペースト」でコ
ピーした編集内容をまとめて
適用する。ペースト後は、
「オリジナルに戻す」でいつ
でも編集前の状態に戻せる

同じ編集を加えたい写真やビデオを複数選択
したら、右下の「…」→「編集内容をペースト」
をタップしよう。コピーした一連の編集内容
がまとめて適用される。

その他さまざまな機能とiCloudへのバックアップ

＞ 写真に写った文字を利用する

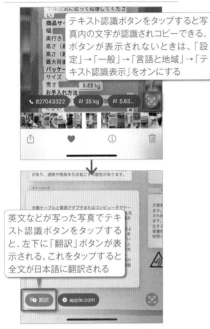

テキスト認識ボタンをタップすると写真内の文字が認識されコピーできる。ボタンが表示されないときは、「設定」→「一般」→「言語と地域」→「テキスト認識表示」をオンにする

英文などが写った写真でテキスト認識ボタンをタップすると、左下に「翻訳」ボタンが表示される。これをタップすると全文が日本語に翻訳される

写真を開いて右下のテキスト認識ボタンをタップすると、写り込んだテキストや手書き文字が認識され、コピーして利用できる。また、英文などが写った写真は、テキストを認識して翻訳することもできる。

＞ 写真に写っている被写体を切り抜く

被写体をロングタップしてキラッと光るエフェクトが表示されたら指を離そう。表示メニューでコピーしてメールに貼り付けたり、ステッカーに追加してメッセージで利用可能。なお、切り抜き範囲は自動で判定され自分で調整できない

切り抜いた写真をステッカーに追加しておくと、絵文字キーボードの「よく使う項目」から呼び出してメモやメールに貼り付けできる

人物や動物、建築物、料理などの被写体をロングタップすると、自動で切り抜かれコピーできる。またステッカーに追加しておくと、絵文字キーボードが使える場所ならどこでも呼び出して利用できる（P099で解説）。

＞ 写真に写った建物や植物を調べる

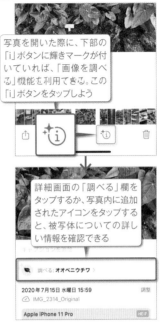

写真を開いた際に、下部の「i」ボタンに輝きマークが付いていれば、「画像を調べる」機能を利用できる。この「i」ボタンをタップしよう

詳細画面の「調べる」欄をタップするか、写真内に追加されたアイコンをタップすると、被写体についての詳しい情報を確認できる

調べる：オオベニウチワ ＞

2020年7月15日 水曜日 15:59　　調整
IMG_2314_Original
Apple iPhone 11 Pro

写真を開いた際に下部の「i」ボタンに輝きマークが付いていれば、写っているランドマークや動物、植物の名前、アート作品のタイトルや作者について、「画像を調べる」機能で詳しく調べることができる。

＞ 写真に位置情報を追加する

チェックする。カメラの初回起動時に表示される「位置情報の使用を許可しますか？」の確認で、「アプリの使用中は許可」を選択した場合は自動的にチェックされている。「しない」を選択すると位置情報は付かない

次回または共有時に確認

このアプリの使用中　✓

アプリの説明：“位置情報は、写真や動画が撮影された場所をタグ付けするために使用され、写真検索や“メモリー”の改善につながります。”

正確な位置情報

写真アプリの「アルバム」→「撮影地」を開くと、マップから撮影地を選んで写真やビデオを開くことができる。なお、位置情報の付いた写真やビデオを主要なSNSに投稿する際は、基本的に位置情報が削除された状態でアップされる

「設定」→「プライバシーとセキュリティ」→「位置情報サービス」→「カメラ」で「このアプリを使用中」にチェックしておけば、撮影した写真やビデオに位置情報が付加され、マップから写真を探せる。

＞ 「iCloud写真」で写真やビデオをバックアップする

オンにする。iCloudの空き容量が足りないと機能を有効にできない。容量が足りない場合は追加可能だ（P034で解説）

iCloud写真

すべての写真とビデオをiCloudに自動的にアップロードして安全に保存。お使いのあらゆるデバイスからブラウズ、検索、および共有できるようにします。

iPhoneのストレージを最適化　✓

オリジナルをダウンロード

「iPhoneのストレージを最適化」にチェック。「オリジナルをダウンロード」を選択すると、iCloudとiPhoneの両方にオリジナルのデータが保存される

共有アルバム

ほかの人と共有するアルバムを作成したり、ほかの人の共有アルバムに参加したりします。

「設定」→「写真」→「iCloud写真」をオンにすれば、すべての写真やビデオがiCloudに保存される。また「iPhoneのストレージを最適化」にチェックしておくと、オリジナルの高解像度写真はiCloud上に保存して、iPhoneには圧縮した写真を保存できる。

2024年2月17日　港区・南青山

同じApple IDを使ったiPadやMacでもiCloud写真をオンにすると、写真アプリの内容が同期され同じ状態になる

年別　月別　日別　すべての写真

iCloud写真をオンにしても写真アプリの内容は特に変わらない。同じApple IDを使ったiPadやMac同期することも可能だ。ただし、iCloud上や他のデバイスで写真を削除すると、iPhoneからも削除される（逆も同様）点に注意しよう。

♫ ミュージック

定額聴き放題サービスも利用できる標準音楽プレイヤー

端末内の曲もクラウド上の曲もまとめて扱える

iPhoneの音楽再生アプリが「ミュージック」だ。パソコンから曲を取り込んだり（P078で解説）、音楽配信サービスの「Apple Music」に登録したり（P079で解説）、iTunes Storeで曲を購入すると、ミュージックアプリに曲が追加されて再生できる。すべての曲は「ライブラリ」画面でまとめて管理でき、プレイリストやアーティスト、アルバム、曲、ダウンロード済みなどの条件で探し出すことが可能だ。またApple Musicの利用中は、「ホーム」で好みに合った曲を提案してくれるほか、「見つける」で注目の最新曲を見つけたり、「ラジオ」でネットラジオを聴ける。

使い始め POINT

ライブラリの構造を理解する

iPhone上のすべての曲は、「ライブラリ」画面の「アーティスト」「アルバム」などの項目から探せる。これらの項目は、右上の「編集」で追加や削除、並べ替えが可能だ。その下には最近追加したアルバムや曲の一部が表示される。もっと前に追加したアルバムを探すには、「ライブラリ」→「アルバム」画面で右上の並べ替えボタンをタップし、「最近追加した項目順」にチェックすればよい。すべてのアルバムが新しく追加した順に表示される。

アーティストやアルバムを開いた画面でアーティスト名をタップすると、アーティストページが表示され、Apple Musicで配信中のすべての曲やアルバム、ミュージックビデオを確認できる

表示する項目を編集する

各項目から曲を探す

最近追加したアルバムや曲から探す

ライブラリから曲を再生する

1 ライブラリから曲を選択する

下部の「ライブラリ」を開き、曲を探そう。CDから取り込んだ曲、Apple Musicで追加した曲、iTunes Storeで購入した曲は、すべてこの画面で同じように扱い、管理できる。

2 曲名をタップして再生する

曲名をタップして再生

ミニプレイヤー。タップすれば再生画面が表示される

曲名をタップすると、すぐに再生が開始される。画面下部にはミニプレイヤーが表示され、一時停止や曲をスキップといった操作を行える。

3 再生画面でさまざまな操作を行う

シークバーで再生箇所をコントロールできる

ミニプレイヤー部をタップすると再生画面が開き、アルバムジャケットやシークバー、音量バーなども表示される。なお、ロック画面やコントロールセンターでも再生中の曲の操作が可能だ。

section
2

標準
アプリ
完全
ガイド

アルバムや曲の各種操作

1 「次に再生」リストを表示する

再生画面を開いて右下のボタンをタップすると、「次に再生」リストが表示される。曲名右の三本線部分をドラッグして再生順を並べ替え可能だ。

> アルバム再生中は残りの曲が表示される

2 再生した曲の履歴を表示する

「次に再生」リストを下にスワイプすると、以前に再生した曲の履歴が表示される。曲を左にスワイプするか、右上の「消去」をタップすると履歴を消去できる。

> 下にスワイプ

3 ミュージックから曲を削除する

> ダウンロード済みの音楽は「削除」が表示され、タップすると「ダウンロードしたもののみを削除」か「ライブラリから削除」を選択できる。「ダウンロードした〜」を選ぶと保存データのみiPhone内から削除され、ライブラリには残ったままとなる

曲やアルバムを選択してロングタップするか「…」ボタンをタップし、メニューから「削除」や「ライブラリから削除」をタップすれば、曲やアルバムを削除できる。

4 歌詞をカラオケのように表示する

> 歌詞をタップするとその箇所にジャンプできる。Apple Music以外の曲でも歌詞情報が含まれていれば表示されるが、カラオケのように歌詞が同期せず、歌詞をタップしてもその箇所にジャンプできない

Apple Musicの曲の多くは、再生画面左下の歌詞ボタンをタップすると、カラオケのように曲の再生に合わせて歌詞がハイライト表示される。

5 プレイリストを作成する

> タップ

好きな曲だけを聴きたい順番で再生したいなら、プレイリストを作成しよう。ライブラリ画面の「プレイリスト」→「新規プレイリスト」から作成できる。

> タップしてプレイリストに追加

プレイリスト名を付けて「ミュージックを追加」をタップ。曲を探して「＋」をタップすればプレイリストに追加される。あとから曲順の変更や削除もできる。

6 シャッフルやリピート、似た曲の自動再生

> 左がシャッフル、中央にリピートボタン。右端の自動再生ボタンはApple Musicの利用中に表示され、オンにすると似た曲をどんどんリストに追加して自動で再生してくれる。なお、iPhone内の全曲を対象にシャッフル再生したい場合は、ライブラリの「アルバム」や「曲」上部の「シャッフル」をタップしよう

「次に再生」リストの上部のボタンをタップすると、リストの曲をシャッフルまたはリピート再生できる。またApple Musicを利用中は「自動再生」ボタンも表示される。

7 アーティストやアルバムをお気に入り登録

> お気に入りに追加すると、アーティストが新曲をリリースしたときに通知を受け取れたり、「ホーム」画面のおすすめ精度が上がるほか、曲を追加したときは「お気に入りの曲」プレイリストが自動で作成される。また「アルバム」画面などでは、右上の並べ替えボタンからお気に入りのアルバムのみ表示できる

アーティストやアルバム、曲をロングタップするか「…」ボタンをタップし、メニューから「お気に入り」をタップするとお気に入り登録ができる。

8 サウンドの出力先を切り替える

> タップ

Bluetoothスピーカーやヘッドホンで再生したい場合は、再生画面を開いて音量バー下中央のボタンをタップしよう。リストから出力先デバイスを選択できる。

音楽CDの曲をiPhoneに取り込む

iTunesを使えば簡単に
インポートできる

　音楽CDの曲をiPhoneで聴くには、Macは標準の「ミュージック」アプリでCDの曲を取り込めばよい。Windowsでも「Apple Music」アプリが独立して用意されているが、原稿執筆時点では音楽CDの取り込み機能がない。従来通り「iTunes」を利用しよう。

iTunes

作者／Apple
価格／無料
http://www.apple.com/jp/
itunes/

Windows向けiTunesは、Microsoft Store版とデスクトップ版の2種類があるが、特にこだわりがなければ、上記URLにアクセスし「Get it from Microsoft」をクリックしてMicrosoft Store版をインストールしておけばよい。

1 iTunesを起動して「環境設定」を開く

iTunesやミュージックを起動したら、まずは音楽CDを取り込む際のファイル形式と音質を設定しておこう。「編集」→「環境設定」→「一般」（Macは「ミュージック」→「設定」→「ファイル」）画面の「読み込み設定」をクリックする。

2 ファイル形式と音質を設定し音楽CDを取り込む

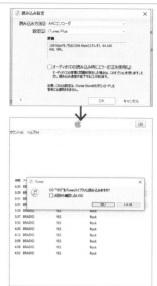

読み込み方法は「AACエンコーダ」を選択し、設定は「iTunes Plus」（iTunes Storeの販売曲と同じ256kbpsの音質）にしておくのがおすすめだ。汎用性の高い「MP3エンコーダ」や、音質が劣化しない「Apple Lossless」なども選択できる。あとは音楽CDをCDドライブに挿入し、「読み込みますか」のメッセージで「はい」をクリックすればよい。

取り込んだ音楽をiPhoneに転送する

1 Apple Musicの利用中は自動で同期

Apple Musicの利用中は、パソコンのiTunesで「編集」→「環境設定」→「一般」→「iCloudミュージックライブラリ」（Macでは「ミュージック」→「設定」→「一般」→「ライブラリを同期」）にチェックしておくと、すべての曲やプレイリストがiCloudにアップロードされ、iPhoneからも再生できるようになる。

2 Apple Musicを使っていない時の同期方法

Apple Musicを使っていないなら、パソコンと接続してiTunes（MacではFinder）でiPhoneの管理画面を開き、「ミュージック」→「ミュージックを同期」にチェック。続けて「選択したプレイリスト〜」にチェックし、iPhoneに取り込んだアルバムを選択してして同期しよう。

3 ドラッグ&ドロップでも転送できる

ミュージックの同期を設定する以外に、特定のアルバムや曲を手動で素早く転送することも可能だ。まずライブラリ画面でアルバムや曲を選び、そのまま左の「デバイス」欄に表示されているiPhoneにドラッグ＆ドロップしてみよう。すぐに転送が開始され、iPhoneで再生できるようになる。

section 2 標準 アプリ 完全 ガイド

Apple Musicを利用する

初回登録時は
1ヶ月間無料で使える

　個人なら月額1,080円で、国内外の約1億曲が聴き放題になる、Appleの定額音楽配信サービスが「Apple Music」だ。初回登録時は1ヶ月間無料で利用できる。またApple Musicに登録すると、手持ちの曲も含めて、最大10万曲までクラウドに保存できる「iCloudミュージックライブラリ」も利用できるようになる。なお、ファミリープランを使えば、月額1,680円で家族6人まで利用可能だ。

1 「Apple Musicに登録」をタップ

まず本体の「設定」→「ミュージック」で、「Apple Musicを表示」をオンにした上で、「Apple Musicに登録」をタップする。初回登録時は、次の画面で「無料で開始」をタップ。

2 プランを選択してAppleMusicを開始する

家族で利用する場合や、複数の端末で同時に再生したい場合は「ファミリー」を選択しよう。「学生」は在学証明が必要なプラン

タップして利用開始。なお、初回登録時は「トライアルを開始」と表示される

ミュージックアプリが起動するので、「プランをさらに表示」をタップ。プランを個人やファミリーから選択し、「Apple Musicに登録」をタップして開始する。初回登録時のみ、1ヶ月間無料で試用できる。

使いこなしヒント

自動更新をキャンセルにするには

タップ

ホーム

タップして「確認」をタップ

サブスクリプションをキャンセル

サブスクリプションをキャンセルしても、4月30日までは引き続きサービスをご利用になれます。

新規登録の場合、Apple Musicを1か月間無料で利用できる（Apple製品購入時に数か月無料の特典が付いている場合もある）。無料期間を過ぎると自動的に有料メンバーシップに移行して課金が発生するので注意しよう。解約するには、ミュージックアプリの「ホーム」画面右上のユーザーボタンをタップし、「サブスクリプションの管理」→「サブスクリプションをキャンセル」をタップ。なお、無料期間中に解約すると、その時点でサービスを利用できなくなる。有料メンバーシップの解約後は、請求締日まで利用可能だ。

---

3 ライブラリの同期をオンにする

「設定」→「ミュージック」で、「ライブラリを同期」をオンにしておくと、Apple Musicの曲をライブラリに追加できるようになる。

4 キーワードで曲を検索

Apple Music内の画面構成は少しわかりにくい。まずは好みのアーティスト名で検索し、アーティストのページを表示。そこからアルバム一覧を表示してライブラリに追加していくのがおすすめ

ミュージックアプリの「検索」で、曲名やアーティスト名をキーワードにして検索しよう。「Apple Music」タブで、Apple Musicの検索結果が一覧表示され、曲名をタップすればすぐに再生できる。

5 Apple Musicの曲をライブラリに追加

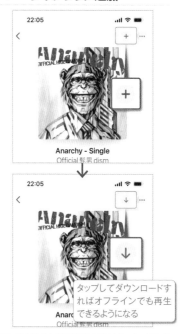

タップしてダウンロードすればオフラインでも再生できるようになる

アルバムは「＋」ボタンを、曲は「…」→「ライブラリに追加」をタップするとライブラリに追加できる。追加後はダウンロードボタンをタップすると端末内に保存できる。

カレンダー

iPhoneで効率的にスケジュールを管理する

iPadやMacでも同じ予定を確認できる

「カレンダー」は、仕事や趣味のイベントを登録していつでも予定を確認できるスケジュール管理アプリだ。まずは「仕事」や「プライベート」といった、用途別のカレンダーを作成しておこう。作成したカレンダーに、「会議」や「友人とランチ」などイベントを登録していく。カレンダーは年、月、日で表示モードを切り替えでき、イベントのみを一覧表示してざっと確認することも可能だ。また作成したカレンダーやイベントはiCloudで同期され、iPadやMacでも同じスケジュールを管理できる。会社のパソコンなどでGoogleカレンダーを使っているなら、Googleカレンダーと同期させておこう。

section
2

標準
アプリ
完全
ガイド

使い始め POINT

イベントを保存する「カレンダー」を用途別に作成する

まずは、必要に応じて「仕事」や「英会話」のように用途別のカレンダーを作成しておこう。たとえば「打ち合わせ」というイベントは「仕事」カレンダーに保存するといったように、イベントごとに作成したカレンダーに保存して管理できる。作成したカレンダーはiCloudで同期して、iPadやMacからも利用できる。

● 用途別にカレンダーを作成する

チェックしたカレンダーのイベントが表示される

下部中央の「カレンダー」をタップし、左下の「カレンダーを追加」をタップ。「仕事」「英会話」など用途別のカレンダーを作成しておこう。

● iCloudカレンダーを同期する

「設定」で一番上のApple IDを開き、「iCloud」→「すべてを表示」→「iCloudカレンダー」がオンになっていれば、作成したカレンダーが同期されiPadやMacでも利用できる。

カレンダーでイベントを作成、管理する

1 表示モードを切り替える

年間カレンダーを表示

この日のイベント一覧を下部に表示

日付をタップすると、その日の24時間の予定を表示。また横向きにすると前後数日のスケジュール表示になる

iPhoneのカレンダーは、年、月、日の表示モードに変更できる。その時々で予定を把握しやすい表示形式に切り替えよう。

2 新規イベントを作成する

イベントの保存先のカレンダーはここで選択

右上の「＋」をタップすると、新規イベントの作成画面が開く。タイトルや開始／終了日時、保存先のカレンダーなどを指定し、右上の「追加」で作成。

使いこなしヒント

Googleカレンダーと同期するには

オンにする

会社のパソコンなどで普段Googleカレンダーを使っているなら、iPhoneのカレンダーと同期させておこう。「設定」→「カレンダー」→「アカウント」→「アカウントを追加」でGoogleアカウントを追加し、「カレンダー」のスイッチをオンにすればよい。Googleカレンダーで使っている「仕事」などのカレンダーに、iPhoneのカレンダーアプリから予定を作成できるようになる。

メモ

意外と多機能な標準メモアプリ

写真やビデオを添付したり手書きでスケッチもできる

標準の「メモ」はシンプルで使いやすいメモアプリだ。アイデアを書き留めたり、チェックリストや表を作成したり、ラフイメージを手書きでスケッチしたり、レシートや名刺を撮影して貼り付けておくなど、さまざまな情報をさっと記録できる。作成したメモはiCloudで同期され、iPadやMacでも同じメモを利用できるほか、WebブラウザでiCloud.comにアクセスすれば、パソコンやAndroidでもメモの確認や編集が可能だ。他にも、メモを他のユーザーと共同編集したり、写真の被写体や手書き文字をキーワードで検索できるなど、意外と多機能なアプリとなっている。

使い始め POINT

メモの管理機能をあらかじめマスターする

まずはメモを管理しやすいように、あらかじめ「仕事」や「買い物」といったフォルダを作成して整理しよう。また、複数のタグが付いたメモをまとめて抽出できる「スマートフォルダ」の作成も可能だ。メモにタグを付けるには、メモ内に「#資料」や「#iPhone」など「#」に続けて文字を書き込めばよい。

● フォルダを作成する

フォルダー覧で左下の新規フォルダボタンをタップし、名前を付けて作成する。「スマートフォルダに変換」でフィルタ条件も設定できる。

● メモにタグを付ける

メモ内に「#」に続けて文字を書き込むと、その文字がタグとして認識される。タグ一覧からメモを素早く探し出したり、スマートフォルダでの整理に利用できる。

メモアプリの機能を使いこなす

＞ さまざまな形式のメモを作成する

右下のボタンをタップすると新規メモを作成できる。キーボード上部のメニューボタンで、表やチェックリストの作成、写真の添付、手書き入力などが可能だ。

＞ メモをロングタップして操作する

メモをロングタップするとメニューが表示される。重要なメモを一番上にピンで固定したり、編集できないようロックしたり、メモの送信や共有、削除などを行える。

＞ クイックメモを利用する

「クイックメモ」機能を利用すれば、ホーム画面や他のアプリを利用中でも、共有メニューやコントロールセンターなどから素早くメモを作成できる。

その他の標準アプリ

Appleならでは洗練された便利ツールの
数々を使ってみよう

設定
iPhoneのすべての設定を管理する
iCloud やセキュリティ、アプリ、通信、通知、画面など、iPhone の主な設定は基本的にこの「設定」アプリで行う。

リマインダー
やるべきことを忘れず通知
覚えておきたいことを登録しておけば、しかるべきタイミングで通知してくれるタスク管理アプリ。

フリーボード
何でも書き込めるホワイトボードアプリ
テキストや手書き文字、画像、音声、動画などを、複数のメンバーで自由に書き込めるホワイトボードアプリ。

ブック
電子書籍を購入して読める
電子書籍リーダー&ストアアプリ。キーワード検索やランキングから、電子書籍を探して購入できる。無料本も豊富。

ファイル
クラウドやアプリのファイルを一元管理ファイル
iCloud Drive や Dropbox など対応クラウドサービスと、一部の対応アプリ内にあるファイルを一元管理するアプリ。

iTunes Store
音楽や映画をダウンロード購入できる
Apple の配信サービスで音楽や着信音を購入したり、映画を購入・レンタルするためのアプリ。

天気
現在の天気や週間予報をチェック
天気アプリ。現在の天気や気温、時間別予報、週間予報、降水確率のほか、湿度、風、気圧なども確認できる。

計算機
横向きで関数計算もできる
電卓アプリ。縦向きに使うと四則演算電卓だが、横向きにすれば関数計算もできる。

時計
規則正しい就寝・起床をサポート
世界時計、アラーム、ストップウォッチ、タイマー機能を備えた時計アプリ。ベッドタイム機能で睡眠分析も可能。

マップ
ルート検索もできる地図アプリ
標準の地図アプリ。車／徒歩／交通機関でのルート検索を行えるほか、音声ナビや周辺施設の検索機能なども備えている。

ヘルスケア
運動や健康状態をまとめて管理
歩数や移動距離を確認できる万歩計として利用できるほか、Apple Watch と連携して心拍数なども記録できる。

Wallet
Apple Payやチケットを管理
電子決済サービス「Apple Pay」(P084 で解説) を利用するためのアプリ。また、Wallet 対応のチケット類も管理できる。

Apple TV
さまざまな映画やドラマを楽しむ
映画やドラマを購入またはレンタルして視聴できるアプリ。サブスクリプションサービス「AplleTV+」も利用できる。

探す
紛失した端末や友達を探せる
紛失した iPhone や iPad の位置を探して遠隔操作したり、家族や友達の現在位置を調べることができるアプリ。

ホーム
Homekit対応機器を一元管理する
「照明を点けて」「電源をオンにして」など、Siri で話しかけて家電を操作する「HomeKit」を利用するためのアプリ。

ボイスメモ
ワンタップでその場の音声を録音
ワンタップで、その場の音声を録音できるアプリ。録音した音声をトリミング編集したり、iCloud で同期することも可能。

Watch
Apple WatchとiPhoneを同期する
Apple Watch と iPhone をペアリングして管理するためのアプリ。Apple Watch を持っていないなら特に使うことはない。

計測
カメラで物体のサイズを計測
AR 機能を使って、カメラが捉えた被写体の長さや面積を手軽に測定できるアプリ。水準器としての機能も用意されている。

ヒント
便利技や知られざる機能を紹介
iPhone の使い方や機能を定期的に配信するアプリ。ちょっとしたテクニックや便利な Tips がまとめられている。

コンパス
方角や向きのズレを確認できる
方位磁石アプリ。画面をタップすると現在の向きがロックされ、ロックした場所から現在の向きのズレも確認できる。

株価
株価と関連ニュースをチェック
日経平均や指定銘柄の、株価チャートと詳細を確認できるアプリ。画面下部には関連ニュースも表示される。

Podcast
ラジオやビデオ番組を楽しめる
ネット上で公開されている、音声や動画を視聴できるアプリ。主にラジオ番組やニュース、教育番組などが見つかる。

ジャーナル
写真や音楽と一緒に記録できる日記アプリ
提案された写真や音楽などを選択して簡単に思い出を記録できる日記アプリ。Face ID や Touch ID でのロックも可能。

iPhone
活用テクニック

iOSの隠れた便利機能や必須設定、
使い方のコツなどさらに便利に
活用するためのテクニックを総まとめ。

Section

3

001

Suicaやクレジットカードを登録したiPhoneでタッチ
一度使えば手放せない Apple Payの利用方法

電子マネーやクレカをiPhoneでまとめて管理

「Apple Pay」は、iPhoneをかざすだけで、電車やバスに乗ったり、買い物ができる電子決済サービスだ。「ウォレット」アプリにSuicaやPASMO、クレジットカード、電子マネーを登録することで、改札や店頭のカードリーダーに、iPhone本体をタッチしてピッと支払えるようになる。

ウォレットにSuicaやPASMOを登録した場合は、最初に追加したカードが「エクスプレスカード」に設定され（あとから他のSuicaやPASMOに変更することもできる）、Face IDなどの認証なしにスリープ状態のまま改札にタッチして通過したり、コンビニなどの店舗でタッチして支払える。クレジットカードを登録した場合は、各カードが提携している電子マネーの「iD」や「QUICPay」で決済できるほか、国内ではまだ利用できる店舗が少ないが、クレジットカードのコンタクトレス決済（Visaのタッチ決済など）で支払うこともできる。電子マネーとしては他にも、「WAON」と「nanaco」を追加することが可能だ。

Apple Payでできることを知ろう

8:24

ウォレット

Rakuten

> カードは16枚まで登録できる。表示順はドラッグで入れ替えでき、一番前に表示されるカードがメインカードとして設定される

ANA
乗車日 05/01　乗車口 ---

d POINT CARD　ポイント 250 P

 Apple Store

 Business

Apple Payはウォレットアプリで管理する

Apple Payの管理には、iPhoneに標準インストールされている「ウォレット」アプリを利用する。上段に登録したSuicaやクレジットカードが、下段に搭乗券やチケットが表示される。

1 iPhene内でチャージもできる
SuicaやPASMOを使う

iPhoneでタッチして改札を通過

Apple PayにSuicaやPASMOを登録すると、iPhoneでタッチして電車やバスに乗れるほか、電子マネーとして店舗で使ったり、Apple Payに登録したクレジットカードでチャージできる。

2 電子マネーまたはタッチ決済で支払う
クレジットカードを使う

iDやQUICPay、タッチ決済マークのある店で使える

クレジットカードは、付随する電子マネーの「iD」や「QUICPay」を使うか、VisaやMastercardなどのタッチ決済で支払うことになる。それぞれの支払い方法に対応する店舗でのみ利用可能だ。

3 ワンタップでスムーズに決済可能
アプリやWebで使う

 Pay

アプリ内やネット通販の支払いもOK

登録したクレジットカードで、アプリ内の支払いや、ネット通販などの支払いを行える。対応アプリやWebサイトはApple Payの支払いボタンが用意されているので、これをタップしよう。

「パス」欄の使い方

ウォレットアプリ下段の「パス」欄では、搭乗券や各種電子チケットを登録して管理できる。対応アプリで「Appleウォレットに追加」をタップして追加しよう。

Suicaを登録して駅やコンビニで利用する

SuicaやPASMOをApple Payに登録しておけば、電車やバスの改札も、対応店舗や自販機での購入も、iPhoneでタッチするだけ。ここではSuicaを例に登録方法を解説するが、PASMOの登録方法と使い方もSuicaとほぼ同じだ。

ウォレットアプリでSuicaを発行して登録する

1 交通系ICカードをタップする

ウォレットアプリを起動したら、右上にある「＋」ボタンをタップし、続けて「交通系ICカード」をタップ。一度登録したことがあるカードは、「以前ご利用のカード」から簡単に復元できる。

2 Suicaをタップして選択

ウォレットアプリに登録できる、各国の交通系ICカードが一覧表示される。日本の場合はSuicaやPASMO、ICOCAを選択可能だ。ここでは「Suica」を選択し、「続ける」をタップする。

3 金額をチャージして追加する

チャージしたい金額を入力して「追加」をタップすると、Suicaがウォレットアプリに追加される。あらかじめ、チャージに使うクレジットカードがウォレットに登録（P086で解説）されている必要がある。

4 プラスチックカードのSuicaを登録する

すでに持っているプラスチックカードのSuicaをウォレットに追加するには、「お手持ちのカードを追加」をタップし、画面の指示に従ってSuicaID番号の末尾4桁や生年月日を入力。あとはiPhoneでカードを読み取ればよい。

Suicaのチャージとエクスプレスカードの変更

1 Suicaを表示してチャージをタップ

クレジットカードがウォレットに登録されていれば、ウォレット上でSuicaのチャージも可能だ。ウォレットアプリでチャージしたいSuicaをタップし、「チャージ」ボタンをタップしよう。

2 チャージ金額を入力してカードで支払う

必要な金額を入力して「追加する」をタップ。金額は1円単位で入力できる。あとは有料アプリの購入などと同じ手順で支払いを承認し、Apple Payに登録済みのクレジットカードで支払おう。

3 エクスプレスカードを変更する

Face IDなどの認証なしで使えるSuicaやPASMOは、「エクスプレスカード」に設定された1枚のみ。エクスプレスカードは、「設定」→「ウォレットとApple Pay」→「エクスプレスカード」で変更可能だ。

POINT

改札などでの使い方と注意点

SuicaやPASMOを使って、駅の改札を通ったり店舗で支払うには、アンテナのあるiPhone上部をリーダー部にタッチするだけ。事前の準備は何も必要なく、スリープ状態のままでよい。Face IDやTouch IDによる認証も不要だ。ただし、複数のSuicaやPASMOを登録している場合は、左の手順3で解説している通り、「エクスプレスカード」に設定されている1枚のみが認証不要になる点に注意しよう。また、iPhone15シリーズなど一部の機種は、改札を通ったあとなどにバッテリーが切れてしまっても、予備電力で最大5時間ほどエクスプレスカードを使えるため、そのまま改札から出ることができる。

クレジットカードを登録して電子マネー決済

各種クレジットカードをApple Payに登録しておけば、付随する電子マネーのiDやQUICPayで支払えるほか、対応店舗であればタッチ決済でも支払える。また、Suicaのチャージや、アプリ／Webでの支払いにも利用できる。

section 3 iPhone 活用 テクニック

Apple Payにクレジットカードを登録する

1 クレジットカードなどをタップする

ウォレット

Apple Pay を始めましょう

利用可能なカード
以前ご利用のカード　1
Apple Account を追加
クレジットカードなど
交通系ICカード
電子マネー

（タップ）

ウォレットアプリを起動したら、右上にある「＋」ボタンをタップ。「クレジットカードなど」を選択し、次の画面で「続ける」をタップする。

2 Apple ID登録済みカードを追加する場合

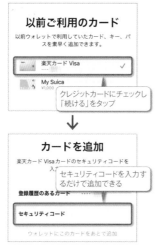

以前ご利用のカード
以前ウォレットで利用していたカード、キー、パスを素早く追加できます。

楽天カード Visa　✓
…
My Suica
¥1,000

（クレジットカードにチェックし「続ける」をタップ）

カードを追加
楽天カード Visaカードのセキュリティコードを入力

（セキュリティコードを入力するだけで追加できる）

登録履歴のあるカード
セキュリティコード

ウォレットにこのカードをあとで追加

Apple IDに関連付けられたカードをウォレットに追加するには、「以前ご利用のカード」をタップ。一覧からクレジットカードにチェックし、セキュリティコードを入力すれば簡単に追加できる。

3 他のクレジットカードを追加する場合

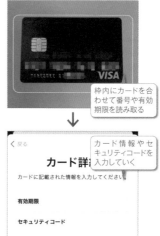

（枠内にカードを合わせて番号や有効期限を読み取る）

＜戻る

カード詳細

（カード情報やセキュリティコードを入力していく）

カードに記載された情報を入力してください。

有効期限
セキュリティコード

「ほかのカードを追加」をタップした場合は、カメラの枠内にカードを合わせて、カード番号や有効期限などを読み取ろう。読み取れなかったカード情報を補完していき、セキュリティコードを入力して「次へ」。

4 カード認証を済ませてApple Payに追加

カード認証
Apple Payで利用したいカードを認証する方法を選択してください。

SMS　✓
三井住友カードに発信
1860570-088-388

（SMSにチェックしたまま「次へ」）

カード認証
三井住友カード認証コードを入力してください。

認証コード

（メッセージアプリにSMSで届いた認証コードを入力）

カードをウォレットアプリに追加したら、最後にカード認証を行う。認証方法は「SMS」のまま「次へ」をタップ。SMSで届いた認証コードを入力すれば、このカードがApple Payで利用可能になる。

登録したクレジットカードの使い方と設定

1 対応する支払い方法を確認する

（電子マネーのiDとQUICPayのどちらが使えるかはこのマークで判断できる。iDやQUICPayで支払った料金は、翌月のクレジットカード料金として引き落とされる）

（このようなマークがあるクレジットカードはタッチ決済に対応している。コンビニなどのタッチ決済対応店舗で、カードリーダーにクレジットカードを挿入する代わりに、iPhoneをタッチして「カード払い」ができる）

まずは登録したクレジットカードが、iDとQUICPayのどちらを利用できるか確認しておこう。また、VisaやMastercard、JCB、アメックスのカードにタッチ決済マークが付いていれば、タッチ決済も利用できる。

2 メインカードを設定しておく

0:49

＜設定　ウォレットと Apple Pay

カードを追加

サイドボタンをダブルクリック　（オン）

サイドボタンをダブルクリックすると、いつでもカードやパスを素早く引き出せます。

（オンを確認。ロック中にサイド（ホーム）ボタンを2回押すだけでウォレットが起動するようになる。サイドボタンとは電源ボタンのことだ）

エクスプレスカード　My Suica
"My Suica"は交通機関での利用時に認証が不要です。

支払い設定
メインカード　楽天カード

（メインの支払いに使うカードを選択しておく）

配送先住所
メール
電話

「設定」→「ウォレットとApple Pay」の「メインカード」を選択しておくと、ウォレットアプリの起動時に一番手前に表示され、そのまま素早く支払える。「サイド（ホーム）ボタンをダブルクリック」のオンも確認しておこう。

3 対応店舗でiPhoneをかざして決済

リーダーにかざしてください

（他のカードで支払いたい場合は、ここをタップしてカードを切り替え）

 App Store & iTunes　残高 ¥0

店舗での利用時は、「iDで」や「QUICPayで」支払うと伝えよう。タッチ決済の対応店舗なら「Visaのタッチ決済で」などと伝えてもよい。ロック中にサイド（ホーム）ボタンを素早く2回押すと、ウォレットが起動するので、顔または指紋を認証させて店舗のリーダーにiPhoneをかざせば、支払いが完了する。

POINT

アプリやWebでApple Payを利用する

1:38

Meditations　¥9,498

 Pay

shop Pay

Pay　 Pay　G Pay

または

連絡先
E-mail

ニュースとオファーをメールで受け取る

一部のアプリやネットショップも、Apple Payでの支払いに対応している。購入画面で「Apple Pay」のボタンをタップすると、顔または指紋認証で購入できる。

Apple Payの紛失対策と復元方法

Apple Payによる手軽な支払いは便利だが、不正利用されないかセキュリティ面も気になるところ。iPhoneを紛失した場合や、登録したSuicaやクレジットカードが消えた場合など、万一の際の対策方法を知っておこう。

iPhoneを紛失した場合の対処法

1 紛失に備えて設定を確認しておく

まずは、紛失や故障に備えて有効にしておくべき項目をチェックしよう。「設定」を開いたら上部のApple IDをタップし、「iCloud」→「すべてを表示」→「ウォレット」と、「探す」→「iPhone探す」が、それぞれオンになっていることを確認する。

2 紛失としてマークしApple Payを停止

iPhoneを紛失した際は、同じApple iDでサインインしたiPadやMacの「探す」アプリ（P111で解説）で「紛失としてマーク」の「有効にする」をタップ。紛失モードにすれば、Apple Payの利用を停止できる。

3 家族や友人のiPhoneで紛失モードにする

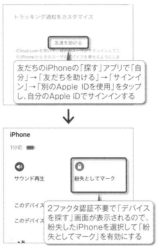

家族や友人のiPhoneを借りる場合は、「探す」アプリで「自分」タブを開き、「友達を助ける」から自分のApple IDでサインイン。「デバイスを探す」画面が表示されたら「紛失としてマーク」を有効にする。

4 紛失モードの解除で復元される

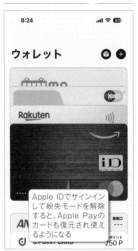

iPhoneを見つけたらロックを解除してApple IDでサインインし直すだけで、紛失モードが解除され、Apple Payに登録済みのカードも復元される。Apple Payのカードが消えている場合は、下で解説している手順で復元しよう。

Suicaやクレジットカードが消えた場合の復元方法

1 ウォレットに追加画面から処理を行う

Suicaやクレジットカードを削除しても、残高などの情報はiCloudに保存されており簡単に復元できる。ウォレットアプリで右上にある「＋」ボタンをタップし、続けて「以前ご利用のカード」をタップしよう。

2 復元するカードを選択する

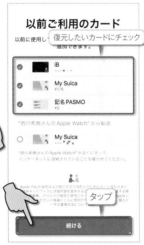

以前ウォレットで使っていたクレジットカードや電子マネーが一覧表示される。復元したいカードにチェックを入れて、「続ける」をタップしよう。

3 SuicaやPASMOの復元手順

SuicaやPASMOを復元する場合は、名前や残高などを確認して「次へ」をタップするだけで良い。ただし、削除したタイミングによっては、翌日の午前5時以降にならないと復元が完了しない場合もある。

4 クレジットカードの復元手順

クレジットカードを復元する場合は、セキュリティコードの入力が求められる。カード裏面の3桁のセキュリティコードを入力し、「次へ」をタップするとクレジットカードが再追加される。

QRコードを読み取るタイプのスマホ決済

002 ますます普及するQRコード決済を使ってみよう

ポイント還元率が高く、個人商店などでも使える

iPhoneで支払う方法としては、P084の「Apple Pay」の他に、「QRコード決済」がある。いわゆる「○○ペイ」がこのタイプで、各サービスの公式アプリをインストールすれば利用できる。あらかじめ銀行口座やクレジットカードから金額をチャージし、その残高から支払う方法が主流だ。店舗での支払い方法は、QRコードやバーコードを提示して読み取ってもらうか、または店頭のQRコードを自分で読み取る2パターン。タッチするだけで済む「Apple Pay」と比べると支払い手順が面倒だが、各サービスの競争が激しくお得なキャンペーンが頻繁に行われており、比較的小さな個人商店で使える点がメリットだ。ここでは「PayPay」を例に、基本的な使い方を解説する。

PayPayの初期設定と基本的な使い方

1 公式アプリをインストールする

PayPay
作者／PayPay Corporation
価格／無料

QRコード決済を利用するには、各サービスの公式アプリをインストールする必要がある。ここでは「PayPay」を例に使い方を解説するので、まずはPayPayアプリのインストールを済ませて起動しよう。

2 電話番号などで新規登録

「新規登録」をタップし、電話番号とパスワードを入力しよう。Yahoo! JAPAN IDやソフトバンク・ワイモバイル・LINEMOのIDでも登録できる。

3 SMSで認証を済ませる

電話番号で新規登録した場合は、メッセージアプリにSMSで認証コードが届くので、入力して「認証する」をタップしよう。

4 チャージボタンをタップする

ホーム画面が表示される。実際に支払いに利用するには、まず残高をチャージする必要があるので、バーコードの下にある「チャージ」ボタンをタップしよう。

5 チャージ方法を追加してチャージ

タップしてチャージ方法を追加する。銀行口座を登録して残高から引き落とす方法と、PayPayカードを登録してカード払いする方法、セブン銀行やローソン銀行のATMから現金で入金する方法、ヤフオク！やPayPayフリマの売上金からチャージする方法、月々の通信料とまとめて支払う方法（ソフトバンク・ワイモバイル・LINEMOユーザーのみ）の、5つの手段が用意されている。なお、PayPayカード以外に他社製クレジットカードを登録してカード払いで決済することも可能だが、他社製のカードは2025年1月に利用停止予定となっている

「チャージ」ボタンをタップし、「チャージ方法を追加してください」から銀行口座などを追加。金額を入力して「チャージする」をタップしよう。

バーコードを提示して支払う

店側に読み取り端末がある場合は、「支払う」をタップしてコードを提示する。圏外や通信障害時でも決済することが可能だ（1回あたり最大50,000円、24時間で5回／30日で10回まで。PayPayの残高や「あと払い（クレジット）」の利用上限を超える決済はできない）

店のQRコードをスキャンして支払う

店側に端末がなくQRコードが提示されている場合は、「スキャン」をタップしてQRコードを読み取り、金額を入力。店員に金額を確認してもらい、「支払う」をタップすればよい

iPhone 15 Proシリーズの多機能ボタンを活用しよう

003 アクションボタンで 多彩な操作を自動実行する

本体側面のボタンに 任意の機能を 割り当てる

iPhone 15 Proシリーズの本体側面には、従来の「着信／消音スイッチ」に変わって、ユーザーが機能を自由にカスタマイズできる「アクションボタン」が搭載されている。標準では「消音モード」の機能が割り当てられているが（P017で解説）、「設定」→「アクションボタン」で「集中モード」や「カメラ」、「翻訳」など任意の機能に変更すれば、アクションボタンを長押しすることで機能を実行したりオン／オフできるようになる。また、ショートカットアプリで設定したショートカットも割り当てできるので、アクションボタンを押すだけで複雑な操作を自動的に実行させることも可能だ。

アクションボタンの設定と使い方

1 アクションボタンに 機能を割り当てる

左右にスワイプしてアクションボタンに割り当てる機能を選択し、左上の「設定」をタップして元の画面に戻る。ここでは、素早く翻訳アプリを利用できるように「翻訳」を選択した

アクションボタンの設定は「設定」→「アクションボタン」で行う。左右にスワイプして割り当てる機能を選択しよう。「集中モード」など一部の機能は、メニューから特定の動作を選択する必要もある。

2 アクションボタンを 長押しする

アクションボタンを長押しする

アクションボタンの設定を済ませたら、あとは本体側面のアクションボタンを長押ししてみよう。設定した機能をオン／オフしたり、素早く実行することができる。

3 割り当てた機能が 実行される

「聞き取り中」と表示されている間に話しかけると翻訳される。双方向で翻訳する言語は、あらかじめ「翻訳」アプリで英語と日本語などを選択しておこう

たとえば「翻訳」を割り当てた場合は、Dynamic Islandに「聞き取り中」などと表示されるので、日本語や英語で話しかけよう。すぐに英語や日本語の翻訳結果が表示され、音声で読み上げられる。

ショートカットでアプリの起動や複雑な操作を行う

1 ショートカットを 選択をタップ

タップ

アクションボタンにショートカットを割り当てれば、より自由度の高い設定が可能だ。まず「設定」→「アクションボタン」で「ショートカット」を選択し、「ショートカットを選択」ボタンをタップ。

2 アクションボタンで アプリを起動させる

タップ

アクションボタンで起動するアプリを選択

「アプリを開く」をタップし、開いた画面でアプリを選択しておくと、アクションボタンを長押ししたときに選択したアプリが起動するようになる。

3 マイショートカットを 実行する

タップ

たとえば「自宅までの所要時間」を割り当てておくと、アクションボタンの長押しで現在地から自宅までの移動時間が検索されてメッセージアプリが起動し、指定した相手に帰宅時間を送信できる

「マイショートカット」をタップすると、ショートカットアプリに追加済みのショートカットが一覧表示される。タップして選択しておけば、アクションボタンの長押しで実行できる。

4 アプリの特定の 機能を実行する

タップ

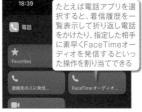

たとえば電話アプリを選択すると、着信履歴を一覧表示して折り返し電話をかけたり、指定した相手に素早くFaceTimeオーディオを発信するといった操作を割り当てできる

画面を下の方にスクロールすると、特定の機能を実行できるショートカットを備えたアプリが一覧表示される。任意のアプリをタップして機能を選択すれば、アクションボタンでその機能を実行できる。

004 スタンバイモードで さまざまな情報を表示する

充電中で横向きの iPhoneにウィジェット や写真を表示

　iPhoneが充電中で、ロックされており本体が横向きになっている時は、画面が「スタンバイ」モードに変わり、ウィジェットと写真、時計の3種類の画面を表示できる。iPhone 15 Proおよび14 Proシリーズに搭載されている常時表示ディスプレイと組み合わせると、スマートディスプレイのような使い方が可能だ。その他のモデルでは、画面をタップした時にスタンバイ画面が表示される。またスタンバイ画面をロングタップすると、ウィジェットの入れ替えやカラーの変更など好みに応じて自由に編集できる。iPhoneを横向きで固定できる、ワイヤレス充電器やスタンドも用意しておこう。

スタンバイモードの準備と使い方

1 スタンバイを 有効にする

オンを確認

「画面表示」→「夜間モード」をオンにすると、周囲が暗い時は文字などが赤色で表示される

タップしたときのみプレビューを表示

スタンバイモードを有効にするには、「設定」→「スタンバイ」で「スタンバイ」のスイッチをオンにすればよい。あとは充電中およびロック中のiPhoneを横向きに置くと、スタンバイ画面が表示される。

2 充電中のiPhoneを 横向きで設置する

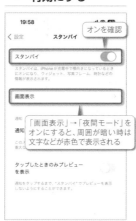

スタンバイモードでは、ウィジェット、写真、時計の3つの画面を左右スワイプで切り替えることが可能だ。上の写真はウィジェットを表示した画面。

ミュージックアプリ起動中は、上部中央のボタンをタップすることで、ミュージックプレイヤーが全画面で表示される。画面を下から上にスワイプすると元のスタンバイ画面に戻る

Twelve South Forte
実勢価格／6,200円
Apple Storeで購入できるiPhoneスタンド。別売りのApple製「MagSafe充電器」(6,480円)を取り付けて使用する。MagSafeのマグネットで固定する仕組みなので、ケーブルで充電しながら使用することはできない。MagSafeを使わないないサードパーティ製のスタンドで横向きに固定し、ケーブルで充電しながら使ってもよい。

3 ウィジェットを 表示する

左右スワイプで他のスタンバイ画面に切り替え

上下スワイプでスタックされたウィジェットを切り替え

ロングタップで編集モード

スタンバイのウィジェット画面では、ウィジェットが2つ並んで表示される。それぞれ上下にスワイプするとスタックされたウィジェットを切り替え可能だ。左右にスワイプすると他のスタンバイ画面に切り替わる。

4 ウィジェットを 編集する

「＋」をタップして対応アプリのウィジェットを追加

不要なウィジェットは「－」をタップして削除

ウィジェットをロングタップすると編集モードになる。左上の「＋」ボタンをタップすると新しいウィジェットを追加できる。ウィジェットの左上にある「－」ボタンをタップすると削除できる。

5 写真を表示、 編集する

上下スワイプで表示する写真のジャンルやアルバムを切り替え

ロングタップで編集モード

スタンバイの写真画面では、「おすすめ」「自然」「都市」などの写真がスライドショーで表示される。上下スワイプでジャンルを切り替え。ロングタップで編集モードになり、表示するアルバムの追加などを行える。

6 時計を表示、 編集する

上下スワイプで時計の種類を切り替え

ロングタップで編集モード

スタンバイの時計画面では、上下にスワイプして、「アナログ」「デジタル」「世界」「太陽」「フローティング」の5種類の時計を表示できる。ロングタップで編集モードになり、時計のカラーを変更できる。

005 Webサービスやアプリのログイン情報を管理
パスワードの自動入力機能を活用する

パスワードの自動生成や重複チェックも

iPhoneでは、一度ログインしたWebサイトやアプリのユーザー名とパスワードを「iCloudキーチェーン」（「設定」の一番上でApple IDをタップし「iCloud」→「パスワードとキーチェーン」を有効にしておく）に保存し、次回からはワンタップで呼び出して、素早くログインできる。このパスワード管理機能は、iOSのバージョンアップと共に強化されており、現在はWebサービスなどの新規ユーザー登録時に強力なパスワードを自動生成したり、漏洩の可能性があるパスワードや使い回されているパスワードを警告する機能も備えている。また、ユーザー名とパスワードの呼び出し先は「iCloudキーチェーン」だけでなく、「1Password」などのサードパーティー製パスワード管理アプリも利用できる。

POINT

パスキーを使えばパスワードも不要

パスキーに対応するWebサービスやアプリなら、パスワード自体が不要となり、Face IDやTouch IDの認証だけで、簡単かつ安全にアカウントの登録やログインを行える（P092で解説）。パスキーを使って登録したアカウントも、「設定」→「パスワード」画面で管理できる。

パスワードを使わず、Face IDやTouch IDの認証のみで登録したアカウント

保存したパスワードで自動ログインする

1 自動生成されたパスワードを使う

「強力なパスワードを使用」をタップすると、ランダム生成されたパスワードがそのまま使われ、iCloudキーチェーンに保存される。自分で考えたパスワードを使いたい場合は「その他のオプション」→「独自のパスワードを選択」をタップ

一部のWebサービスやアプリでは、新規登録時にパスワード欄をタップすると、強力なパスワードが自動生成され提案される。このパスワードを使うと、そのままiCloudキーチェーンに保存される。

2 ログインに使った情報を保存する

「パスワードを保存」をタップすれば、このサービスのユーザー名とパスワードがiCloudキーチェーンに保存される

Webサービスやアプリに既存のユーザ名とパスワードでログインした際は、iCloudキーチェーンに保存するかを聞かれる。保存しておけば、次回以降は簡単にユーザ名とパスワードを呼び出せるようになる。

3 パスワードの脆弱性をチェック

漏洩の可能性があるパスワードや、複数のサイトで使い回されているパスワードが表示される。各アカウントをタップすれば詳細を確認できるほか、「Webサイトのパスワードを変更」でパスワードを変更できる

iCloudに保存されたアカウントは「設定」→「パスワード」で確認できる。また「セキュリティに関する勧告」をタップすると、問題のあるアカウントが一覧表示され、その場でパスワードを変更できる。

4 自動入力機能と管理アプリ連携

他のパスワード管理アプリを導入しているなら、連携するアプリをオンにする。なお、連携できるアプリはiCloudキーチェーン以外でひとつだけだ

自動入力機能を使うなら「設定」→「パスワード」→「パスワードオプション」→「パスワードとパスキーを自動入力」のスイッチをオンにしておく。また「1Password」など他のパスワード管理アプリを使うなら、スイッチをオンにして連携を済ませておこう。

5 候補をタップするだけで入力できる

保存されたパスワードの中から、最適と判断された候補が表示される

Webサービスやアプリでログイン欄をタップすると、保存されたアカウントの候補が表示される。これをタップするだけで、自動的にユーザ名とパスワードが入力され、すぐにログインできる。

6 候補以外のパスワードを選択する

別のアカウントを選ぶ。他のパスワード管理アプリを呼び出すこともできる

表示された候補とは違うアカウントを選択したい場合は、画面右下の鍵ボタンをタップしよう。このサービスで使う、その他の保存済みアカウントを選択して自動入力できる。

生体認証だけで安全にログインできる

006 パスワード不要の認証システム 「パスキー」を利用する

パスワード入力を Face IDやTouch ID に置き換える

通常、Webサービスやアプリに登録したりログインするには、IDとパスワードの入力が必要で、場合によってはSMSなどで2段階認証も必要だ。しかしiPhoneで採用されているアカウント認証方式の「パスキー」を使えば、Face IDやTouch IDを使った生体認証だけで簡単にログインできる。パスワードの作成や入力が不要なので、パスワード流出の心配がなく、より安全にサービスを利用可能だ。ただしパスキーを利用するには、Webサービスやアプリ側がパスキーに対応している必要がある。

1 Amazonでも パスキーを利用可能

Amazonの場合は作成済みのアカウントでパスキーを設定できる。まずAmazonショッピングアプリでアカウント画面を開き、「アカウントサービス」→「ログインとセキュリティ」をタップ。

2 パスキーを 設定する

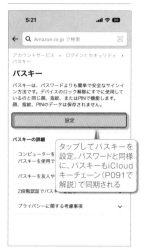

「パスキー」欄の「設定」→「設定」をタップし、画面の指示に従ってFace IDやTouch IDで認証を済ませよう。

3 Face IDやTouch IDで ログインする

次回からAmazonにログインする際は、パスワードの入力画面で「パスキーでサインイン」ボタンが表示され、Face IDやTouch IDで認証してログインできる。

特定のパスワードを複数人で使える

007 パスワードやパスキーを 他のユーザーと共有する

作成したグループ内で 選択したパスワードを 共有できる

P091で解説したように、一度ログインしたユーザ名とパスワードやパスキーは、iPhoneやiCloudキーチェーンに保存され、再度ログインする際に自動入力できる。この保存されたログイン情報は、他のユーザーと共有することも可能だ。家族など信頼できるユーザーとグループを作成し、そこに共有したいパスワードやパスキーを選んで追加しよう。もちろん相手が保存中のパスワードやパスキーもグループ内で共有可能だ。なお、共有できるのは連絡先アプリに登録されているユーザーのみとなる。

1 共有グループを 作成する

「設定」→「パスワード」で右上の「+」→「新規共有グループ」をタップ。「続ける」をタップし、「家族」など共有グループ名を付けて「人を追加」で共有相手を追加したら「作成」をタップ。

2 共有したいパスワード やパスキーを選択

このグループのメンバーと共有するパスワードやパスキーにチェックして、右上の「移動」をタップ。続けて「メッセージで通知」で、グループに追加した人に参加依頼の確認メッセージを送る。

3 共有グループを 管理する

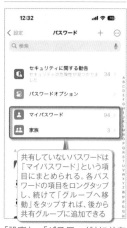

「設定」→「パスワード」に共有グループが作成された。グループを開き「管理」ボタンをタップすると、共有パスワードの確認や、メンバーの追加と削除、グループ自体の削除を行える。

008

プロファイル

Safariのプロファイルを切り替えて使おう

仕事用や学校用など
用途別にSafariを使い分ける

タブやグループなどの環境を用途別に切り替える

Safariでは、仕事用や学校用など複数の「プロファイル」を作成しておき、用途別にプロファイル（使用環境）を切り替えて利用できる。プロファイルごとに利用するタブグループやお気に入り、閲覧履歴、Cookieなどの環境を使い分けられるほか、機能拡張のオン／オフも選択可能だ。たとえば普段は広告ブロックをオンにし、仕事用のプロファイルでは広告ブロックをオフにするといった使い方ができる。なお、新規プロファイルを作成すると、元の環境は「個人用」という別のプロファイルになる。

1 新規プロファイルを作成する

まず「設定」→「Safari」で「新規プロファイル」をタップ。プロファイルの名前を付けてアイコンとカラーを選択したら、右上の「完了」をタップしよう。

2 プロファイルの設定を変更する

「設定」→「Safari」で作成したプロファイルをタップすると、お気に入りのブックマークフォルダの変更や、機能拡張のオン／オフなど使用環境を設定できる。

3 プロファイルを切り替える

Safariを起動し、右下のタブボタンをタップ。画面下中央のプロファイルボタンをタップし、メニューから「プロファイル」をタップすると作成したプロファイルに切り替えできる。

009

支払い方法

アプリ購入時の支払い方法を追加する

支払いにPayPayや
キャリア決済を使う

クレジットカードやGift Cardを使わなくても支払える

App Storeで有料アプリを購入する（P030で解説）際は、登録したクレジットカードや、コンビニや家電量販店で購入できるプリペイドカード「Apple Gift Card」の残高から支払うほかに、「PayPay」や「キャリア決済」を利用して支払うこともできる。PayPayはQRコード決済サービスのひとつ（P088で解説）で、アカウントを連携させれば支払いが可能になる。キャリア決済は月々の通信料金と併せてまとめて支払う方法で、docomoやau、SoftBankと契約していれば利用できる。

1 キャリア決済を利用する

「設定」の一番上のApple IDをタップし、「お支払いと配送先」→「お支払い方法を追加」で「キャリア決済」を選択すれば、支払いにキャリア決済を利用できる。

2 PayPayと連携させる

キャリア決済と同じ画面で「PayPay」にチェックし、「PayPayで認証」をタップ。PayPayとの連携を許可すれば支払いにPayPayを使えるようになる。

3 デフォルトの支払い方法を変更する

「お支払いと配送先」画面で右上の「編集」をタップすると、支払い方法をドラッグして並べ替えできる。一番上がデフォルトの支払い方法になる。

AirDrop

AirDropでさまざまなデータを送受信

010 iPhone同士で写真やデータをやり取りする

AIrDropの画面を開くか端末同士を近づけよう

　iOSの標準機能「AirDrop」を使えば、近くのiPhoneやiPad、Macと手軽に写真やファイルをやり取りできる。AirDropを使うには、送受信する双方の端末が近くにあり、それぞれのWi-FiとBluetoothがオンになっていることが条件だ。また、iOS 17のiPhone同士なら、端末上部を近づけるだけで写真やファイルを手軽に送信できる（「設定」→「一般」→「AirDrop」→「デバイス同士を近づける」をオンにしていなければならない）。

1 受信側でAirDropを許可しておく

相手を連絡先に登録している場合は「連絡先のみ」でもよい（要iCloudサインイン）

受信側の端末でコントロールセンターを表示し、Wi-Fi ボタンがある場所をロングタップ。「AirDrop」をタップして「すべての人（10分間のみ）」に設定しておく。

2 送信側で送りたいデータを選択する

タップ

タップ。相手が「受け入れる」をタップすると送信できる

送信側の端末で送信作業を行う。写真の場合は「写真」アプリで写真を開いて共有ボタンをタップし、「AirDrop」をタップ。あとは相手の端末名を選択しよう。

3 iPhone同士を近づけて送受信する

写真を開いて、iPhoneの上部同士を近づけるとこのような画面になる。「共有」をタップすれば送信できる。連絡先の交換画面になってしまう場合は、通常のAirDrop送信画面で相手を選択する前にiPhoneの上部同士を近づけよう

---

section 3 iPhone活用テクニック

連絡先 — 端末の上部を近づけるだけ

011 iPhone同士で連絡先を交換する

　iOS 17を搭載し、「設定」→「一般」→「AirDrop」→「デバイス同士を近づける」がオンになったiPhone同士であれば、端末の上部同士を近づけるだけで連絡先を簡単に交換できる（NameDrop機能）。

1 iPhoneの上部同士を近づける

iOS 17の iPhone同士で、端末の上部を近づけよう。「ボーン」と音が鳴り、お互いの連絡先が表示される。ロックを解除しなくてもロック画面のままで交換が可能だ

2 連絡先を交換できる

どちらかをタップして連絡先を交換

「共有」で自分の連絡先も相手に送信する。「受信のみ」をタップすると、相手から送られた連絡先は受信するが、自分の連絡先は相手に送信しない。

連絡先 — 連絡先の表示をカスタマイズ

012 好きな写真で連絡先ポスターを作成

　連絡先アプリでは、自分の連絡先に好きな写真を使ったりフィルタを適用して、「ポスター」を作成できる。作成したポスターは登録済みの連絡先に共有され、相手の電話の着信画面などに大きく表示される。

1 連絡先ポスターを作成する

ポスターに使用する写真やミー文字、カラーを選択

連絡先アプリで「マイカード」を開き、「連絡先の写真とポスター」→「続ける」をタップ。名前を入力してポスターに使用する写真などを選択する。

2 連絡先ポスターをカスタマイズ

タップしてフォントやカラーを変更

左右にスワイプしてフィルタを適用

写真を選択したらカスタマイズを行おう。名前を縦書きにしたり、フォントサイズやカラーを変更したり、左右にスワイプしてフィルタを適用できる。

013 iPhoneのテザリング機能を利用する
インターネット共有でiPadや
パソコンをネット接続しよう

iPhone を使って
ほかの機器を
ネット接続できる

iPhoneのモバイルデータ通信を使って、各種機器をインターネット接続することができる「テザリング」機能を利用すれば、パソコンやタブレットなど、Wi-Fi以外の通信手段を持たないデバイスでも手軽にネット接続できる。設定も簡単で、iPhoneの「設定」→「インターネット共有」→「ほかの人の接続を許可」をオンにし、パソコンやタブレットなどの機器をWi-Fi（BluetoothやUSBケーブルでも可）接続するだけ。なお、テザリングは通信キャリアが提供するサービスなので、事前の契約も必要だ。

1 インターネット共有をオン

テザリングの利用には、キャリアによってオプション契約が必要なので最初に確認しよう。テザリングオプションを申し込んでいるのに「インターネット共有」項目が表示されない場合は、一度iPhoneを再起動してみよう。「設定」→「モバイル通信」にも「インターネット共有」設定が用意されている

iPhoneの「設定」→「インターネット共有」→「ほかの人の接続を許可」をオンにし、"Wi-Fi"のパスワード」で好きなパスワードを設定しておこう。

2 外部機器とテザリング接続

インターネット共有する機器側は「設定」→「Wi-Fi」などでiPhone名をタップして接続

インターネット共有利用中は、Dynamic Islandにアイコンが表示されたり、時刻部分やステータスバーが緑色で表示される。通信量に注意しながら利用しよう

接続したい機器のWi-Fi設定で、アクセスポイントとして表示されるiPhone名を選択。パスワードを入力すればテザリング接続され、iPhone経由でネットを利用可能になる。

POINT

iPadやMacとのテザリングはもっと簡単

タップすればパスワード不要で接続できる

iPhoneとiPadやMacが同じApple IDで、それぞれBluetoothとWi-Fiがオンになっていれば、より簡単にテザリング接続できる。iPadの「設定」→「Wi-Fi」を開く（MacはメニューバーのWi-Fiボタンをクリックする）と、iPhone名が表示されるので、これをタップするだけだ。

---

014 画面 ランドスケープモードを使いこなそう
横画面だけで使える
iOSの隠し機能

縦向きのロックを
解除して本体を
横向きにしよう

アプリによっては、iPhoneを横向きの画面（ランドスケープモード）にした時だけ使える機能が用意されている。例えば、メッセージアプリで手書きメッセージを送信したり、計算機アプリで関数電卓を使えるほか、カレンダーも横向きにすると週間バーチカル表示になる。いろいろなアプリで試してみよう。まずはコントロールセンターを開いて、「画面縦向きのロック」ボタンをオフにしておこう。これで、iPhoneを横向きにした時に、アプリの画面も横向きに回転する。

1 画面縦向きのロックを解除する

オフにしておく

画面が縦向きにロックされていると、横画面にできない。コントロールセンターの「画面縦向きのロック」ボタンがオンの時は、これをオフにしておこう。

2 メッセージや計算機を横画面で利用する

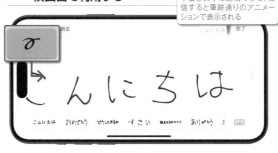

メッセージは横向きにすると、キーボードに手書きキーが表示される。これをタップすると手書き文字を送信できる。受信すると筆跡通りのアニメーションで表示される

計算機は横画面にすると、本格的な関数電卓に切り替わり、さまざまな数式を入力できるようになる

メールアドレスや住所を予測変換に表示させる

015 よく使う言葉や文章を 辞書登録して入力を効率化

メールアドレスや 住所を登録して おくと便利

　よく使用する固有名詞やメールアドレス、住所などは、「ユーザ辞書」に登録しておくと、予測変換からすばやく入力できるようになり便利だ。まず「設定」→「一般」→「キーボード」→「ユーザー辞書」を開き、「＋」ボタンをタップ。新規登録画面が開くので、「単語」に変換するメールアドレスや住所を入力し、「よみ」に簡単なよみがなを入して、「保存」で辞書登録しよう。次回からは、「よみ」を入力すると、「単語」の文章が予測変換に表示されるようになる。

1 ユーザ辞書の 登録画面を開く

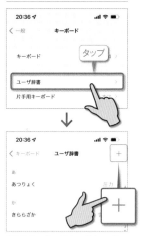

「設定」→「一般」→「キーボード」→「ユーザ辞書」をタップし、右上の「＋」ボタンをタップしよう。この画面で登録済みの辞書の編集や削除も行える。

2 「単語」と「よみ」を 入力して保存する

「単語」に変換したい固有名詞やメールアドレス、住所などを入力し、「よみ」に簡単に入力できるよみがなを入力して「保存」をタップすれば、ユーザ辞書に登録できる。

3 変換候補に 「単語」が表示

「よみ」に設定しておいたよみがなを入力してみよう。予測変換に、「単語」に登録した内容が表示されるはずだ。これをタップすれば、よく使うワードや文章をすばやく入力できる。

使いこなせばキーボードよりも高速に

016 精度の高い音声入力を 本格的に利用しよう

音声入力と同時に キーボードでも 入力できる

　iPhoneでより素早く文字入力したいなら、音声入力を活用してみよう。iPhoneの音声入力はかなり実用的なレベルに進化しており、喋った内容は即座にテキスト変換してくれるし、自分の声をうまく認識しない事もほとんどない。長文入力にも十分対応できる高精度な機能なのだ。さらに、文脈から判断して句読点が自動で入力されるほか、音声入力と同時にキーボードでも入力でき、誤字脱字などの修正も簡単。慣れてしまえば、音声入力＋必要な箇所だけキーボードを使うほうが快適に文章を作成できる。

1 音声入力モード に切り替える

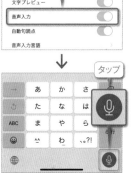

あらかじめ「設定」→「一般」→「キーボード」で「音声入力」を有効にしておき、キーボード右下にあるマイクボタンをタップすると、音声入力に切り替わる。

2 音声とキーボード で同時に入力

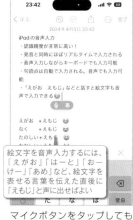

マイクボタンをタップしてもキーボードは表示されたままで、音声入力中にキーボード入力できる。句読点や疑問符は自動で入力されるが、右にまとめた通り音声でも入力が可能だ。

POINT

句読点や記号を 音声入力するには

改行	かいぎょう
スペース	たぶきー
、	てん
。	まる
「	かぎかっこ
」	かぎかっことじ
！	びっくりまーく
？	はてな
・	なかぐろ
…	さんてんりーだ
	どっと
／	すらっしゅ
＠	あっと
：	ころん
¥	えんきごう
※	こめじるし

017

Lock Launcherでロック画面をカスタマイズ

ロック画面からアプリを起動できるようにする

よく使うアプリをウィジェットとしてロック画面に配置

iPhoneは、ロック画面をカスタマイズしてウィジェットを配置できる（P028で解説）。このロック画面のウィジェットに、アプリやWebサイト、ショートカットなどを割り当てて、タップするだけで起動できるようにするランチャーアプリが「Lock Launcher」だ。よく使うアプリをウィジェットとして配置し、ロック画面から素早く起動できるようにしておこう。

Lock Launcher

作者／ZiLi Huang
価格／無料

1 ウィジェットの登録画面を開く

アプリを起動したら、「ウィジェット」タブの「ロック画面ウィジェット1」をタップ。続けて「おすすめ」タブの「アクションを選ぶ」をタップする。URLやショートカットの割り当ても可能。

2 ロック画面から起動するアプリを指定

ロック画面から起動したいアプリを選択したら、元の画面に戻り「保存」をタップすると、ウィジェットとして登録できる。無料版で登録できるウィジェットは2つまでだ。

3 ロック画面にウィジェットを配置

ロック画面のカスタマイズ画面でウィジェットエリアをタップ（P029で解説）。「ロックランチャー」を選択して登録したアプリのウィジェットを配置しよう。

018

スケジュール設定なども可能

集中モードで通知をコントロールする

仕事中や運転中などシーン別に通知を制御

集中して作業したい時にメールやSNSの通知が届くと気が散ってしまう。そこで設定しておきたいのが「集中モード」機能だ。仕事中や睡眠中、運転中といったシーン別に、通知や着信をオフにしたり、特定の連絡先やアプリの通知のみを許可することができる。指定した時刻や場所で集中モードを有効にすることも可能だ。なお、「おやすみモード」と「睡眠」という似た項目があるが、「睡眠」はヘルスケアアプリで設定した毎日の睡眠スケジュールと連動する設定。一時的に休憩したい時は「おやすみモード」を使おう。

1 集中モードのシーンを選択

「設定」→「集中モード」に、「おやすみモード」や「仕事」などシーン別の集中モードが準備されているので、設定したいものをタップ。「＋」で他の集中モードを追加できる。

2 各シーンの設定を済ませる

「通知を許可」では集中モード中でも通知を許可する連絡先やアプリを指定できるほか、「画面をカスタマイズ」で集中モード中に表示するロック画面やホーム画面のページを選択したり、「スケジュールを設定」で集中モードをオンにする時間帯を設定できる。また、「集中モードフィルタ」で集中モード中のアプリの動作も設定できる

集中モードを選択すると設定画面が表示される。集中モード中に通知を許可する連絡先やアプリ、スケジュール、表示するロック画面やホーム画面などを設定しておこう。

3 コントロールセンターで切り替え

集中モードは、コントロールセンターから手動でオン／オフを切り替えできる。「集中モード」ボタンをタップして、機能を有効にしたい集中モードのシーンをタップしよう。

019

ピクチャインピクチャ対応アプリが必要

動画を見ながら
他のアプリを利用する

YouTubeなどの
動画を小窓で再生
しながら操作

iPhoneには、ホーム画面に戻ったり他のアプリを操作中でも、ビデオ通話や動画再生を小型ウインドウで継続できる「ピクチャインピクチャ」機能が搭載されている。画面サイズはピンチ操作で自由に拡大／縮小できるほか、ドラッグで好きな位置に移動したり、画面の端までドラッグして動画を隠し音声のみの再生にもできる。すべてのアプリで利用できる機能ではないが、AmazonプライムビデオやDAZN、YouTube（Premium会員のみ）などの動画配信サービスのほか、FaceTimeのビデオ通話も対応している。

1 ピクチャイン
ピクチャの設定

まずiPhoneの「設定」→「一般」→「ピクチャインピクチャ」→「ピクチャインピクチャを自動的に開始」がオンになっているか確認しよう。

2 アプリ側の設定も
確認する

アプリ側で設定が必要な場合もある。たとえばYouTubeアプリなら、YouTube Premiumに登録した上で、「設定」→「全般」→「ピクチャーインピクチャー」をオン。

3 動画を再生しながら
他の操作を行う

YouTubeの再生中やFaceTimeのビデオ通話中にホーム画面に戻ってみよう。映像が小型ウインドウで再生され続けるはずだ。別のアプリを起動することもできる。

020

拡張機能を使って手軽に同期できる

iPhoneのSafariとパソコンの
Chromeでブックマークを同期

拡張機能と
Windows用
iCloudが必要

iPhoneのSafariのブックマークと、パソコンで使っているChromeのブックマークを同期したいなら、Chromeの拡張機能「iCloudブックマーク」を利用しよう。ただし拡張機能のほかに、「Windows用iCloud」の設定も必要になる。下記サイトよりインストーラをダウンロードし、あらかじめインストールを済ませておこう。

Windows用iCloud

作者／Apple
価格／無料
https://support.apple.com/
ja-jp/HT204283

1 Windows用iCloudの
設定を行う

Windows用iCloudを起動してApple IDでサインインしたら、ブックマーク欄の「>」をクリック。「Safariのブックマークを〜」をオンにし、Google Chromeの「拡張機能をインストール」をクリックする。

2 Chromeに拡張機能を
追加する

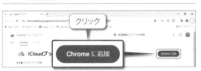

Chromeウェブストアで「iCloudブックマーク」のページが開く。「Chromeに追加」ボタンをクリックして、パソコンのChromeに拡張機能を追加しよう。

3 結合をクリックして
ブックマークを同期

Windows用iCloudの画面に戻り、「完了」→「結合」をクリックしよう。これで、ChromeのブックマークがSafariに同期される。

4 iPhoneのSafariで
ブックマークを確認

iPhoneで Safariを起動して、ブックマークを開いてみよう。同期されたChromeのブックマークが一覧表示されるはずだ。ブックマークの追加や削除も相互に反映される。

section
3
iPhone
活用
テクニック

通話 021
自分の声が相手に届きやすくなる
通話中の周囲の雑音をカットする

外出中に電話する際、周りの音がうるさいようなら、通話中にコントロールパネルを開き、「マイクモード」を「声を分離」に変更してみよう。周辺の雑音が遮断され、相手には自分の声だけが届くようになる。

1 マイクモードをタップ

電話やFaceTime、LINE、ZOOMなどで通話中に、コントロールパネルを開いて右上の「マイクモード」をタップする。

2 声を分離を選択する

「声を分離」を選択。「ワイドスペクトル」は電話では選択できず、FaceTime通話中などにスピーカーをオンにした場合のみ選択できる

「声を分離」を選択すると周辺の雑音が遮断され相手には自分の声のみが届く。「ワイドスペクトル」を選択すると、逆に周辺の音も含めてすべて相手に届ける。

背面タップ 022
2回または3回叩いて操作
背面をタップして各種機能を起動させる

iPhone 15シリーズなど一部の機種では、本体の背面を2回もしくは3回タップすることで、特定の機能や操作を実行できる。あらかじめ「設定」→「アクセシビリティ」→「タッチ」→「背面タップ」で、呼び出したい機能を割り当てておこう。

1 背面タップ機能を設定する

「設定」→「アクセシビリティ」→「タッチ」→「背面タップ」で、「ダブルタップ」と「トリプルタップ」のうち、機能を割り当てたい方をタップする。

2 実行する機能を選択する

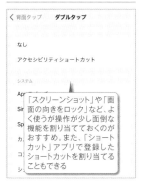

「スクリーンショット」や「画面の向きをロック」など、よく使うが操作が少し面倒な機能を割り当てておくのがおすすめ。また、「ショートカット」アプリで登録したショートカットを割り当てることもできる

背面タップで実行したい機能を選択する。Siri や Spotlight の起動、コントロールセンターの表示など、さまざまな機能が用意されている。

Siri 023
1%単位の100段階で調節できる
Siriで音量をさらに細かく調整する

音楽や動画の再生中に音量を調整したいとき、側面の音量調整ボタンを使うと16段階でしか調整できない。そこで、Siriに「音量を47%にして」や「音量を13%上げて」と頼んでみよう。1%単位で音量を細かく調整できる。

1 Siriに音量の変更を頼む

Siri に「音量を28%にして」などとと伝えると、1%単位で音量を変更できる。また「音量を最大（最小）にして」で、素早く最大音量や最小音量に設定できる。

2 現在の音量を確認する

「現在の音量は？」と尋ねると、現在のメディアの音量が何%かを教えてくれる。なお、通話の音量や着信音、アラームの音量はSiriで調整できない。

ステッカー 024
絵文字キーボードから利用できる
写真からオリジナルのステッカーを作成

メッセージアプリなどで利用できる「ステッカー」は、写真から自分で作成することもできる。作成したステッカーは絵文字キーボードから呼び出せるので、絵文字キーボードが使える場所ならどこでもステッカーを使える。

1 写真アプリでステッカーを作成

写真アプリで写真を開いたら、画面内の被写体をロングタップ。被写体が切り抜かれるので、上部メニューの「ステッカーに追加」をタップしよう。

2 絵文字キーボードから呼び出す

作成したステッカーはメッセージアプリで使えるほか、絵文字キーボードの「よく使う項目」から呼び出してメモやメールに貼り付けることも可能だ。

povo2.0なら通信プランの契約が無料
025 eSIMに基本料0円の サブ回線を契約しておく

通信障害などの備えに最適な通信プラン

KDDIのオンライン専用プラン「povo2.0」は基本料金0円で契約でき無料で回線を持てるので、eSIM（物理的なSIMカードなしで通信契約できる機能。XS以降に搭載）でサブ回線として契約しておくのがおすすめだ。メイン回線（KDDI以外）で通信障害が発生してもサブ回線で通信できるほか、かけ放題だけ有料で契約してもうひとつ別の電話番号を使うこともできる。

povo2.0アプリ

作者／KDDI CORPORATION
価格／無料

1 povo2.0を eSIMで契約する

eSIMを選択して契約する

povo2.0アプリを起動し「povo2.0を申し込む」をタップしてアカウントを登録。SIMタイプは「eSIM」を選択して契約を進めよう。

2 デュアルSIMの 設定を確認する

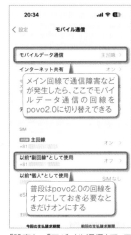

メイン回線で通信障害などが発生したら、ここでモバイルデータ通信の回線をpovo2.0に切り替えできる

普段はpovo2.0の回線をオフにしておき必要なときだけオンにする

「設定」→「モバイル通信」で、モバイルデータ通信や電話で使う回線を変更できる。普段はpovo2.0の回線を使わないなら、オフにしておくことも可能だ。

POINT

povo2.0の回線を 維持するための 条件

180日に一度は有料トッピングを購入しておけば回線を維持できる

povo2.0は基本料金0円で回線を契約でき、データ通信の容量を購入しなくても128kbpsで低速通信できるが、180日間以上課金がないと利用停止になる場合がある。具体的には180日に一度は有料トッピング（最安で220円）を購入するか、180日間で通話やSMSの合計金額が660円を超えていればよい。

画面録画
操作中の画面を録画できる
026 iPhoneの画面の動きを 動画として保存する

iPhoneには画面収録機能が用意されており、アプリやゲームなどの映像と音声を動画として保存できる。またマイクをオンにしておけば、画面の録画中に自分の声も録音できるので、ゲーム実況やアプリの解説動画を作るのにも使える。

1 画面収録を追加し 画面を録画する

タップしてコントロールセンターに追加

タップして録画開始。ロングタップでマイク設定

「設定」→「コントロールセンター」で「画面収録」を追加しておくと、コントロールセンターの画面収録ボタンで表示中の画面を録画できる。

2 マイクの設定と 収録の終了

オンにすると自分の声も録音できる

上部の赤丸マークや左上の赤い時刻部分をタップし、停止ボタンをタップすると画面収録を停止。写真アプリに動画が保存される

画面収録ボタンをロングタップし、「マイク」をオンにすると、自分の声も録音されるようになる。収録を終了するには、画面上部の赤いマークをタップ。

Siri
画面を見ずに内容を確認できる
027 Siriに通知の内容を 教えてもらう

対応イヤホン（第1世代を除くAirPodsシリーズかBeats製品の一部）を使っている人は、「通知の読み上げ」をオンにしてみよう。メッセージなどが届いた際にその内容をSiriが読み上げてくれ、そのまま音声で返信もできる。

1 通知の読み上げを オンにする

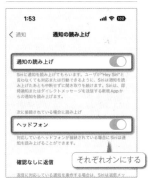

AirPodsなどを接続し、「設定」→「通知」→「通知の読み上げ」をタップ。「通知の読み上げ」と「ヘッドフォン」をオンにする。

2 読み上げて欲しい アプリを設定する

オンにしておくと、iPhoneの画面がロック中に新着メッセージが届いた際に、「○○さんから○○というメッセージが届いています」などと読み上げてくれる

画面を下にスクロールして、アプリ一覧からメッセージなど通知を読み上げて欲しいアプリを選択し、「通知の読み上げ」をオンにしよう。

文字入力
028
連絡先やパスワードを自動入力
文字入力時に使える自動入力機能

文字入力中にカーソルをタップし、メニューから「自動入力」を選択すると、連絡先に登録された電話番号やメールアドレス、iCloudに保存されたIDやパスワード、カメラに写した文章などを自動で入力できる。

1 自動入力する項目を選択

文字入力中にカーソルをタップし、メニューから「自動入力」を選択。続けて「連絡先」や「パスワード」、「テキストをスキャン」をタップする。

2 テキストをスキャンして自動入力する

認識した文章が自動で入力される。「入力」をタップすると入力が完了し元の画面に戻る

たとえば「テキストをスキャン」をタップすると、下部のカメラ画面に写っている文章が認識され、自動的にテキストとして入力される。

アクセスガイド
029
サイドボタンを3回押すだけ
子供が使うときの起動アプリをひとつにする

iPhoneで一時的にひとつのアプリしか使えないように制限する機能が「アクセスガイド」だ。子供にYouTubeを見せて他の画面を触らせないようにしたり、ゲーム中に誤操作でホーム画面に戻ることを防げる。

1 設定でアクセスガイドをオンにする

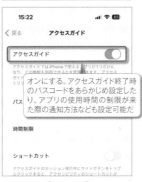

オンにする。アクセスガイド終了時のパスコードをあらかじめ設定したり、アプリの使用時間の制限が来た際の通知方法なども設定可能だ

あらかじめ「設定」→「アクセシビリティ」→「アクセスガイド」を開き、「アクセスガイド」をオンにしておく。

2 サイドボタンを3回連続で押して開始

画面内を指でなぞって操作を禁止するエリアを指定できるほか、左下の「オプション」で無効にするキーや操作を指定したり、時間制限を設定できる

使用したいアプリを起動し、サイドボタンを3回連続で押して「開始」をタップすると有効になる。もう一度サイドボタンを3回連続で押すと終了。

防災
030
防災情報を国内最速レベルで配信
情報配信速度に定評のある人気防災アプリ

地震や津波、噴火、特別警報の速報や洪水や土砂災害といった防災気象情報を、いち早く配信する人気防災アプリ。防災情報は気象業務支援センターから専用線で直接受診しており、情報の配信速度と正確さに定評がある。

1 登録した地点の気象情報を確認

特務機関NERV防災
作者／Gehirn Inc.
価格／無料

下部メニューの「ホーム」画面で、現在地や登録した地点の、現在の警報や注意報が分かる。「マップ」で雨雲レーダーも確認できる。

2 タイムラインで過去の情報を確認

「タイムライン」で過去の防災情報を確認できる。地震情報をタップすると、震度分布や津波情報、最大震度、発生時刻などが表示される。

バッテリー
031
MagSafe対応製品がおすすめ
ケーブル不要で使えるモバイルバッテリー

せっかくモバイルバッテリーを持ち歩いているのに、ケーブルを入れ忘れて充電できない……といったトラブルはありがちだ。MagSafe対応のモバイルバッテリーなら、ケーブル不要でiPhoneの背面にくっ付けるだけで充電できる。

Anker
621 Magnetic Battery (MagGo)
実勢価格／5,990円
サイズ／約111×66×11.5mm
重量／約132g

MagSafe対応iPhoneの背面にピタッと装着して、ケーブル不要で充電できるマグネット式のワイヤレス充電モバイルバッテリー。容量は5000mAhで、ワイヤレス出力は最大7.5W。厚さ11.5mmと薄く、iPhoneと重ね持ちして充電しながら使える。なお、USB-Cケーブルで接続しても充電できる。

032

標準マップより圧倒的に正確

機能も精度も抜群な Googleマップを利用しよう

旅行はもちろん 日々の移動でも 必ず大活躍

iOSの標準マップアプリよりもさらに情報量が多く、正確な地図がGoogleマップだ。地図データの精度をはじめ、標準マップより優れた点が多いので、メインの地図アプリとしてはGoogleマップをおすすめしたい。住所や各種スポットの場所を地図で確認するのはもちろん、2つの地点の最適なルート、距離や所要時間を正確に知ることができる経路検索、地図上の実際の風景をパノラマで確認できるストリートビュー、指定した場所の保存や共有など、助かる機能が満載だ。

Googleマップ

作者／Google, Inc.
価格／無料

Googleマップの基本操作

1 キーワードで 場所を検索

ここに住所や施設名を入力。「ホテル」や「コンビニ」などで検索すると、地図上に該当スポットをまとめて表示できる。また、右端のユーザーボタンで各種メニューを表示できる

現在地を表示

画面上部の検索ボックスに住所や施設名を入力して場所を検索する。

2 経路検索で ルートを検索

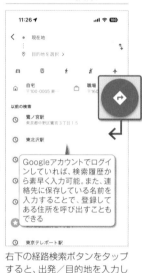

Googleアカウントでログインしていれば、検索履歴から素早く入力可能。また、連絡先に保存している名前を入力することで、登録してある住所を呼び出すこともできる

右下の経路検索ボタンをタップすると、出発／目的地を入力して経路検索ができる。移動手段は車や公共交通機関の他に、徒歩、タクシー、自転車、飛行機なども選択可能だ。

3 ルートと距離 所要時間が表示

オプションメニューボタン（3つのドット）で経由地の追加などを行える

自動車で検索すると、最適なルートがカラーのラインで、別の候補がグレーのラインで表示。所要時間と距離も示される。

Googleマップの便利な機能を活用する

＞ スポットの位置を 正確に知らせる

ロングタップしてピンを立てる

「共有」をタップしてメールなどで送信する

特定のスポットの位置を知らせたい時は、まず地図上でその場所をロングタップしてピンを立てよう。下部に表示されたメニューから「共有」をタップしてメールやメッセージで送信すれば、公園内など周りに何もない場所でも正確な位置を伝えられる。

＞ 調べた場所を 保存しておく

「保存」をタップし、リストを選択。保存したスポットは、マップ上で星やハートマークで表示される

スポットをタップしたりマップにピンを立てた際の、画面下部のスポット情報部分をタップして、詳細画面で「保存」をタップ。保存先リストを選択して、スポットを保存する。

＞ 自宅や職場を 登録しておく

右端のオプションメニューボタン（3つのドット）で、編集や削除を行える

下部メニューの「保存済み」を開き、「ラベル付き」欄の「自宅」および「職場」をタップして住所を入力。経路検索の入力画面に「自宅」「職場」の項目が表示され、タップするだけで出発地もしくは目的地に登録できるようになり、利便性が大きく向上する。

＞ オフラインマップ を利用する

タップ

タップ

検索ボックス右のユーザーボタンから「オフラインマップ」→「自分の地図を選択」をタップ。保存したい範囲を決めて「ダウンロード」をタップすると、枠内の地図データが保存され、オフライン中でも利用できる。

「SharePlay」で映画や音楽を共有する
033 オンラインの友人と 音楽や映画を一緒に楽しむ

Apple Musicや Apple TVで 利用できる

iPhoneには、友達と一緒に映画やドラマ、音楽などのコンテンツをリアルタイムで同時に視聴できる「SharePlay」機能が搭載されており、離れた人と同じ作品を楽しみながら盛り上がることができる。SharePlayはApple TVやミュージック（Apple Music）などで利用できるほか、一部のサードパーティー製アプリも対応済みだ。ただし、通話する相手全員が右でまとめた条件を満たす必要がある。なお、自分の画面を相手に見せられる「画面共有」機能を使えば、SharePlayに対応していないYouTubeの動画を再生して一緒に楽しんだり、撮影した写真やビデオを写真アプリで表示して相手に見せることもできる。

SharePlayを利用するための準備

SharePlayを利用すると、FaceTimeやメッセージアプリを使って、友達と同じ映画や音楽などを会話しながら楽しめる。ただしSharePlayを利用するには、メンバー全員が右にまとめた条件を満たしている必要がある

> ### SharePlayでの接続 に必要な要件

まず、iOSが古いとSharePlayを利用できないので気を付けよう。参加メンバー全員が、iOS 15.1以降のiPhoneや、iPadOS 15.1以降のiPad、macOS 12.1以降のMacを使っている必要がある。また、参加メンバーを招待するのに、FaceTimeアプリでの通話や、メッセージでの送信も必要となる。相手と通話しながら一緒に

通話しながら一緒に楽しむならFaceTimeアプリで発信しよう。ただしWebブラウザで通話するとSharePlayは利用できない

楽しみたいならFaceTimeで発信し、テキストでやり取りしながら楽しむならメッセージで招待リンクを送信しよう。

> ### 対応アプリが 必要

対応アプリは共有メニューなどに「SharePlay」ボタンが用意されている

SharePlayに対応したアプリが必要。Apple TVやミュージック（Apple Music）だけでなく、他社製のアプリでも対応したものがある。

> ### 有料サービスは 加入が必要

有料サービスに未加入のユーザーには加入が求められる

SharePlayで再生した映画や音楽が有料サービスの場合は、相手も加入していないと画面を共有できない。

SharePlayの使い方と画面共有

1 共有メニューで SharePlayを選択

タップ

まず対応アプリでSharePlayを開始しよう。ミュージック（Apple Musicの加入が必要）の場合は、アルバムなどを開き「…」→「アルバムを共有」→「SharePlay」をタップする。

2 メッセージか FaceTimeで共有

「メッセージ」か「FaceTime」をタップして共有

宛先を入力し、メッセージを送信するかFaceTimeで発信すると、Apple Musicの曲を相手と同時に楽しめる。ただし、相手もApple Musicに加入していないと曲を再生できない。

3 SharePlayを 終了する

「SharePlayを終了」→「自分に対してだけ停止」をタップすると、自分だけ途中で視聴をやめて他のメンバーの画面では再生が継続される。「全員に対して停止」は全員の再生が停止される

ステータスバーの緑色のアイコンをタップするとメニューが表示される。SharePlayボタンをタップし、「SharePlayを終了」で全員または自分だけ再生を停止できる。

4 操作中の画面を 共有する

画面を共有する側は、FaceTime通話中にSharePlayボタンをタップして「画面を共有」をタップ

共有した相手の画面が表示される。リモート打ち合わせで一緒に資料を見たり、友人と写真を見せ合う場合などに利用しよう

ビデオや音楽を一緒に楽しむのではなく、FaceTime通話中に自分の画面を相手に見せることも可能だ。

iPhoneトラブル解決総まとめ

iPhoneがフリーズした、アプリの調子が悪い、ストレージ容量が足りない、紛失してしまった……などなど。よくあるトラブルと、それぞれの解決方法を紹介する。

動作にトラブルが発生した際の対処法

解決策 まずは機能の終了と再起動を試そう

iPhoneの調子が悪い時は、本体の故障を疑う前に、まずは自分でできる対処法を試そう。

まず、画面が表示されず真っ暗になる場合は、単に電源が入っていないか、バッテリー切れの可能性がある。一度バッテリーが完全に切れた端末は、ある程度充電しないと電源を入れられないので、しばらく充電しておこう。十分な時間充電しても電源が入らない場合は、ケーブルや電源アダプタを疑ったほうがよい。Apple純正品か、Apple MFi認証済みの製品を使わないと、正常に充電できない場合がある。

また、Wi-FiやBluetooth、各アプリの動作がおかしい時は、該当する機能やアプリを一度終了してから、再度起動すれば直ることが多い。完全終了してもまだアプリの調子が悪いときは、そのアプリをいったん削除して、再インストールしてみよう。

iPhoneの画面が、タップしても何も反応しない「フリーズ」状態になったら、本体を再起動してみるのが基本だ。強制的に再起動する方法は、ホームボタンのある機種とない機種で異なるので注意しよう。再起動してもまだ調子が悪いなら、各種設定をリセットするか、次ページの手順に従ってiPhoneを初期化してみよう。

各機能をオフにしもう一度オンに戻す

Wi-FiやBluetoothなど、個別の機能が動作しない場合は、設定からその機能を一度オフにして、再度オンにしてみよう。

不調なアプリは一度終了させよう

アプリが不調なら、アプリスイッチャーを表示し、一度アプリを完全に終了させてから再起動してみよう。

アプリを削除して再インストールする

再起動してもアプリの調子が悪いなら、一度アプリを削除し、App Storeから再インストール。これで直る場合も多い。

本体の電源を切って再起動してみる

「スライドで電源オフ」を表示させて右にスワイプで電源を切り、その後サイドボタンの長押しで再起動できる。

本体を強制的に再起動する

「スライドで電源オフ」を表示できない場合は、上記の手順でiPhoneを強制的に再起動させてみよう。

それでもダメなら各種リセット

まだ調子が悪いなら「設定」→「一般」→「転送またはiPhoneをリセット」→「リセット」の項目を試す。データがすべて消えていいなら、次ページの方法で初期化しよう。

トラブルが解決できない場合のiPhone初期化方法

解決策 バックアップさえあれば初期化後にすぐ元に戻せる

P104のトラブル対処をひと通り試しても動作の改善が見られないなら、「すべてのコンテンツと設定を消去」を実行して、端末を初期化してしまうのがもっとも簡単＆確実なトラブル解決方法だ。

ただ初期化前には、バックアップを必ず取っておきたい。iCloudは無料だと容量が5GBしかないので、以前は空き容量が足りない際にバックアップ項目を減らす必要があった。しかし現在は、iCloudの空き容量が足りなくても、「新しいiPhoneの準備」を利用することで、一時的にすべてのアプリやデータ、設定を含めたiCloudバックアップを作成できる。たとえばiCloud写真をオフにしていても、写真ライブラリをバックアップすれば、端末内の写真をすべて復元可能だ。バックアップは最大3週間保存されるので、その間に復元を済ませよう。iCloudでバックアップを作成できない状況なら、パソコンで暗号化バックアップする。パソコンのストレージ容量が許す限りiPhoneのデータをすべてバックアップでき、iCloudではバックアップしきれない一部のログイン情報なども保存される。

なお、初期化しても直らない深刻なトラブルは、本体が故障している可能性が高い。「Appleサポート」アプリ（P106で解説）で、サポートに問い合わせるか、持ち込み修理を予約しよう。

1 「新しいiPhoneの準備」を開始

まず「設定」→「一般」→「転送またはiPhoneをリセット」で「新しいiPhoneの準備」の「開始」をタップし、一時的にiPhoneのすべてのデータを含めたiCloudバックアップを作成する。バックアップに含める項目は事前に設定しておこう（P034で解説）。

2 iPhoneの消去を実行する

バックアップが作成されたら、「設定」→「一般」→「転送またはiPhoneをリセット」→「すべてのコンテンツと設定を消去」をタップして消去を実行しよう。

3 iCloudバックアップから復元する

初期化した端末の初期設定を進め、「アプリとデータを転送」画面で「iCloudバックアップから」をタップ。最後に作成したiCloudバックアップデータを選択して復元しよう。

4 すべてのファイルを復元したい場合は

iPhoneでiCloudバックアップを作成できないなら、Windowsの「Appleデバイス」アプリかiTunes（MacではFinder）でバックアップを作成しよう。下の記事で解説している通り、iPhoneをパソコンと接続して「iPhone内のすべてのデータ〜」と「ローカルバックアップを暗号化」にチェック。パスワードを設定すると、暗号化バックアップの作成が開始される。この暗号化バックアップから復元すれば、ログイン情報なども引き継げる。

5 パソコンのバックアップから復元する

初期化した端末の初期設定を進め、「アプリとデータを転送」画面で「MacまたはPCから」をタップ。パソコンに接続し作成したバックアップから復元する。

6 バックアップ時の環境に復元される

バックアップから復元すると、バックアップ作成時のアプリなどがすべて再インストールされるので、しばらく待とう。ホーム画面のアプリの配置やフォルダなども元通りになる。

---

iPhoneのバックアップを暗号化しておこう

パソコンで作成した暗号化バックアップから復元すれば、各種IDやメールアカウントなど認証情報を引き継げるほか、LINEのトーク履歴なども復元できる（LINEアプリ内でiCloudにトーク履歴を保存していなくても復元可能）。

AppleデバイスアプリかiTunes（MacではFinder）で「iPhone内のすべてのデータ〜」「ローカルバックアップを暗号化」にチェック。

パスワードの設定が求められるので、好きなパスワードを入力して「パスワードを設定」をクリック。復元時に入力が必要となるので、忘れないものを設定しておくこと。

バックアップが開始される。自動で開始されない場合は、「今すぐバックアップ」をクリックすれば手動でバックアップできる。端末のデータ容量によっては、バックアップ終了までにかなり時間がかかるので注意。

破損などの解決できない トラブルに遭遇したら

解決策 「Appleサポート」アプリを 使ってトラブルを解決しよう

どうしても解決できないトラブルに見舞われたら、「Apple サポート」アプリを利用しよう。Apple IDでサインインし、端末 と症状を選択すると、主なトラブルの解決方法が提示される。 さらに、電話サポートに問い合わせしたり、アップルストアな どへの持ち込み修理を予約することも可能だ。

Apple サポート
作者／Apple
価格／無料

アプリが利用できない時は、Apple サポートのサイト（https:// support.apple.com/ja-jp） にアクセスしよう。

マイデバイス
iPhone
この iPhone 15 Pro
希典の AirPods Pro

Apple IDでサインインし たら、マイデバイス一覧か ら、トラブルが発生した端 末と、その症状を選んで タップしよう

MacBook Pro 13"

アップルストアへの持ち 込み修理予約やサポート への電話問い合わせの 他、さまざまなトラブル解 決法も確認できる

Lightningケーブルが 破損・断線してしまった

解決策 Apple MFi認証済みの 高耐久性ケーブルを使おう

iPhone 15シリーズに付属するUSB-Cケーブルは、編み 込み式のデザインで耐久性がアップしているが、14シリー ズ以前のモデルに付属するLightningケーブルは、耐久性が 低く破損しやすい。もっと頑丈な他社製ケーブルへの買い 換えも検討したい。Appleに互換性を保証された、Apple MFi認証済みケーブルを選ぶようにしよう。

PowerLine III USB-C & ライトニング ケーブル（1.8m）
メーカー／Anker
実勢価格／1,690円
25,000回の折り曲げにも耐える、 Apple MFi認証済みのUSB-C - Lightningケーブル。USB PD対 応のUSB-C充電器と組み合わせ て使うと、iPhone 8以降のバッテ リーを高速充電できる。

Apple純正のLightningケーブルは皮 膜が弱く、特にコネクタ根本部分が破損 しやすい。保証期間内であれば無償交 換できることも覚えておこう。なお、 iPhone 15シリーズに付属する USB-Cケーブルは編み込み式のデザイ ンが採用され、耐久性がアップしている

iPadでもFaceTimeが 同時に着信する

解決策 iPadのFaceTimeは別の 発着信アドレスにしよう

iPhoneとiPadのFaceTimeに同じApple IDを使ってい ると、FaceTimeの着信音が両方で鳴ってしまう。これを防 ぐには、iPadのFaceTimeをオフにしてしまうか、または iPhoneとは別のメールアドレスをiPadのFaceTime発着 信アドレスに設定すればよい。

「FACETIME着信用の連絡 先情報」でiPhoneとは異な るアドレスにチェックしてお こう。FaceTimeの発着信 アドレスを追加する方法は P066で解説する

テキストメッセージで送信
オフにする

iPad側で「設定」→「FaceTime」 を開き、iPhoneとは異なる発着 信アドレスにチェック。iPhone 側ではこのアドレスのチェックを 外しておく。

iPadではFaceTimeを利用しな いなら、「設定」→「FaceTime」 →「FaceTime」をオフにしてお けば、iPadで着信音が鳴ることは ない。

写真や動画をパソコンに バックアップ

解決策 ドラッグ＆ドロップで 簡単にコピーできる

iCloudの容量は無料版だと5GBまで。iPhoneで撮影した 写真やビデオをすべて保存するのは難しいことが多いので、 パソコンがあるなら、iPhone内の写真やビデオは手動でバッ クアップしておきたい。iTunesなどを使わなくても、ドラッグ ＆ドロップで簡単にパソコンへコピーできる。

Apple iPhone

選択してパソコンの フォルダにドラッグ＆ ドロップ

iPhoneとパソコンを初めてケー ブル接続すると、iPhoneの画面 に「このコンピュータを信頼しま すか？」と表示されるので、「信 頼」をタップ。iPhoneが外付けデ バイスとして認識される。

iPhoneの画面ロックを解除する と、「Internal Storage」にアク セスできる。年月別のフォルダに、 iPhoneで撮影した写真やビデオ が保存されているので、ドラッグ ＆ドロップでパソコンにコピーし よう。

Appleの保証期間を確認、延長したい

 解決策　AppleCare+ for iPhoneに加入して保証期間を延長する

すべてのiPhoneには、購入後1年間のハードウェア保証と90日間の無償電話サポートが付く。自分のiPhoneの残り保証期間は「設定」→「一般」→「AppleCareと保証」→「このデバイス」などで確認しよう。保証期間を延長したいなら、有料の「AppleCare+ for iPhone」に加入しよう。期間限定プランは2年間、月払いプランは解約するまで延長できる。

「設定」→「一般」→「AppleCareと保証」→「このデバイス」で保証期間を確認。また、「設定」の「一般」→「情報」でシリアル番号をコピーし、https://checkcoverage.apple.com/jp/ja/でシリアル番号を入力しても確認できる。シリアル番号はiPhone購入時の箱の裏面にも記載されている

iPhoneを購入して30日以内に有料の「AppleCare+ for iPhone」に加入すれば、ハードウェア保証と電話サポートの期間を延長できる。iPhone本体だけでなく、付属品にも延長保証が適用される

共有シートのおすすめを消去したい

 解決策　おすすめの連絡先を個別に消すかおすすめ欄自体を非表示にする

アプリの共有ボタンをタップすると、以前にメッセージやLINE、AirDropなどでやり取りした相手とアプリが、おすすめの連絡先として表示される。あまり連絡しない相手が表示されていると誤タップの危険もあるので、「おすすめを減らす」で非表示にしておこう。設定でおすすめの連絡先欄自体を非表示にすることもできる。

共有シートの一番上に表示されるおすすめの連絡先のうち、あまり使わない不要な連絡先があれば、アイコンをロングタップ。続けて「おすすめを減らす」をタップすると非表示になる

おすすめの連絡先欄の表示自体が不要なら、「設定」→「Siriと検索」→「共有中に表示」をオフにすることで、表示されなくなる

---

iPhoneの空き容量が足りなくなったときの対処法

 解決策　「iPhoneストレージ」で提案される対処法を実行しよう

iPhoneの空き容量が少ないなら、「設定」→「一般」→「iPhoneストレージ」を開こう。アプリや写真などの使用割合をカラーバーで視覚的に確認できるほか、空き容量を増やすための方法が提示され、簡単に不要なデータを削除できる。使用頻度の低いアプリを書類とデータを残しつつ削除する「非使用のアプリを取り除く」、ゴミ箱内の写真を完全に削除する「"最近削除した項目"アルバム」、サイズの大きいビデオを確認して削除できる「ビデオを再検討」などを実行すれば、空き容量を効率よく増やすことができる。また、動画や音楽配信アプリの不要なダウンロードデータなどもチェックし、削除しよう。

1 非使用のアプリを自動的に削除する

この画面に表示されない場合は、「設定」→「App Store」→「非使用のアプリを取り除く」をオンにする

タップすると、使っていないアプリ本体は削除されるが、そのアプリで作成した書類やデータはそのまま残った状態になり、アプリを再インストールした際にデータを再度利用できる

「設定」→「一般」→「iPhoneストレージ」→「非使用のアプリを取り除く」の「有効にする」をタップ。iPhoneの空き容量が少ない時に、使っていないアプリを書類とデータを残したまま削除する。

2 最近削除した項目からデータを完全削除

タップして削除。写真アプリの「アルバム」→「最近削除した項目」を開いて削除してもよい

「iPhoneストレージ」画面下部のアプリ一覧から「写真」をタップ。"最近削除した項目"アルバムの「なし」で、端末内に残ったままになっている削除済み写真やビデオを完全に削除できる。

3 サイズの大きい不要なビデオを削除

動画をタップして内容を確認し、不要ならゴミ箱ボタンをタップして削除しよう。なお、動画配信アプリで保存したビデオを削除したい時は、「iPhoneストレージ」画面下部のアプリ一覧からそのアプリをタップしよう。ダウンロード済みのビデオが一覧表示され、左スワイプで削除できる

「iPhoneストレージ」画面下部のアプリ一覧から「写真」をタップ。「ビデオを再検討」をタップすると、端末内のビデオがサイズの大きい順に表示されるので、不要なものを消そう。

Apple IDのID（アドレス）やパスワードを変更したい

解決策 設定から簡単に変更できる

App StoreやiCloud、iTunes Storeなどで利用するApple IDのID（メールアドレス）やパスワードは、「設定」の一番上のApple IDをタップし、続けて「サインインとセキュリティ」をタップすると変更できる。IDを変更したい場合は、「メールと電話番号」欄の「編集」をタップして現在のアドレスを削除した後、新しいアドレスを設定しよう。ただし、作成して30日以内の@icloud.comメールアドレスはApple IDに設定できない。またパスワードを変更したい場合は、「パスワードの変更」をタップすれば新規のパスワードを設定できる。

1 サインインとセキュリティをタップ

Apple IDのIDやパスワードを変更するには、まず「設定」の一番上のApple IDをタップし、続けて「サインインとセキュリティ」をタップする。

2 Apple IDのアドレスを変更する

IDを変更するには、「メールと電話番号」欄の「編集」をタップして現在のApple IDアドレスを削除し、新しいメールアドレスをIDとして設定すればよい。

3 Apple IDのパスワードを変更

パスワードを変更するには、「パスワードの変更」をタップして2箇所の入力欄に新規のパスワードを入力し、「変更」をタップすれば変更できる。

section 4
トラブル解決総まとめ

誤って「信頼しない」をタップした時の対処法

解決策 位置情報とプライバシーをリセットしよう

iPhoneをパソコンなどに初めて接続すると、「このコンピュータを信頼しますか？」と表示され、「信頼」をタップすることでアクセスを許可する。この時、誤って「信頼しない」をタップした場合は、「位置情報とプライバシーをリセット」を実行すれば警告画面を再表示できる。

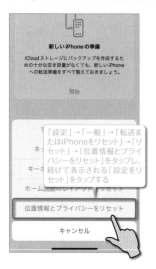

「設定」→「一般」→「転送またはiPhoneをリセット」→「リセット」→「位置情報とプライバシーをリセット」をタップし、続けて表示される「設定をリセット」をタップする

パソコンなどとケーブルで接続すると、「このコンピュータを信頼しますか？」の警告が再表示されるようになるので、「信頼」をタップしよう

誤って登録された予測変換を削除したい

解決策 キーボードの変換学習を一度リセットしよう

タイプミスなどの単語を学習してしまい、変換候補として表示されるようになったら、「一般」→「転送またはiPhoneをリセット」→「リセット」→「キーボードの変換学習をリセット」を実行して、一度学習内容をリセットしよう。ただし、削除したい変換候補以外もすべて消えてしまうので要注意。

「設定」→「一般」→「転送またはiPhoneをリセット」→「リセット」し、続けて「キーボードの変換学習をリセット」をタップする

本体のパスコードを入力して、「変換学習をリセット」をタップすれば、学習した予測変換候補が消えて表示されなくなる

マップの現在位置がずれている場合は

Wi-Fiをオンにして
位置情報の精度を上げる

iPhoneではマップアプリなどで現在地を特定できるが、特に建物内や地下にいると、位置情報がずれて表示される場合がある。そんな時はWi-Fiをオンにしてみよう。GPS以外に周辺のWi-Fiも使って現在地を特定するようになり、位置情報の精度が上がる。

位置情報がず表示される時は、Wi-Fiをオンにしてみよう。なお、アクセスポイントに接続する必要はない。「設定」→「プライバシーとセキュリティ」→「位置情報サービス」もオンにしておくこと

GPS以外に周辺のWi-Fiスポットを利用することで、より正確な現在地を表示するようになる。標準のマップアプリだけでなく、Googleマップなど他社のマップアプリを使っている場合も同様だ

ユーザーIDの使い回しに注意しよう

「設定」→「パスワード」で
ユーザーIDの使い回しを確認

SNSや各種サービスのユーザーIDを使い回すことは非常に危険だ。ユーザーIDは基本的にネット上に公開されているので、例えば複数のSNSで同じユーザーIDを使っている場合、投稿された情報を照らし合わせて個人情報が特定される危険もある。ユーザーIDは安易に使い回さないよう注意しよう。

「設定」→「パスワード」では、iCloudキーチェーンに保存されたWebサービスのユーザーIDとパスワードが一覧表示される。同じユーザーIDの使い回しが目立つ場合は、なるべく他のユーザーIDに変更して使い分けたい

ユーザーIDと共に、パスワードの使い回しも避けよう。「セキュリティに関する勧告」をタップすると、同じパスワードを使い回しているアカウントを確認できるので、「Webサイトのパスワードを変更」で変更しておく

Apple PayのSuica残額がおかしい

ヘルプモードをオン
にしてしばらく待とう

Apple PayのSuicaにチャージしたのに、チャージ分が反映されないことがある。そんな時は、「Wallet」アプリでSuicaを表示させ、「…」→「カードの詳細」→「ヘルプモードをオンにする」をタップしよう。ヘルプモードをオンにしたまま、しばらく待つと、残高が正常に反映されるはずだ。

「Wallet」アプリでSuicaを表示させ、「…」→「カードの詳細」をタップ。開いた画面の下の方にある、「ヘルプモードをオンにする」をタップする

サイドボタンのダブルクリックや指紋認証で承認を済ませると、「ヘルプモード」が有効になる。あとはしばらく待っていれば、カードの照会が行われ、正常な残高に更新される

サブスクリプション（定期購読）を確認する

設定から定期購読の
状況を確認できる

月単位などで定額料金が発生するサブスクリプション（定期購読）のアプリやサービスは、必要な間だけ使えて便利な反面、解約を忘れたり、中には無料アプリを装って月額課金に誘導する、悪質なアプリもある。いつの間にか不要なサービスに課金していないか、確認方法を知っておこう。

「設定」の一番上のApple IDをタップし、「サブスクリプション」をタップ

現在利用中や有効期間が終了したサブスクリプションのサービスを確認できる。この画面から、サービスのキャンセルも行える。なおここでは、アプリ内やApp Storeから加入したサブスクリプションのみが表示され、Appleに料金の支払いが発生しないサブスクリプションは表示されない

パスコードを忘れて誤入力した時の対処法

解決策 iPhoneを初期化してパスコードなしの状態で復元しよう

iPhoneでFace IDやTouch IDで認証を失敗するとパスコード入力を求められるが、このパスコードも5回連続で間違えると「iPhoneは使用できません」と警告が表示され、再入力できるまで1分待つ必要がある。さらに間違え続けると待機時間が増え、11回ミスすると本体を初期化する操作しか受け付けない。どうしてもパスコードを思い出せないなら、警告画面にある「パスコードをお忘れですか？」をタップし、画面の指示に従ってiPhoneを初期化しよう（iOS 17以降で可能）。初期化しても「iCloudバックアップ」（P032で解説）さえ有効なら、そこまで深刻な状況にはならない。初期設定中（P006で解説）にiCloudバックアップから復元すれば、パスコードがリセットされた上で元の環境に戻せる。ただし、iCloudバックアップが自動作成されるのは、電源とWi-Fiに接続中の場合（5G対応機種はモバイル通信中も）のみ。最新のバックアップが作成されているか不明なら、電源とWi-Fiに接続された状態で一晩置いたほうが安心だ。iPhoneの初期化方法としては、他にも10回連続で間違えると自動で初期化する設定や、iPadやMacから「探す」アプリで初期化する方法、WindowsやMacを使ってiPhoneをリカバリモードにし初期化する方法がある。

1 パスコードをお忘れですか？ をタップ

ロック画面でパスコードの入力を何度も間違えると、「iPhoneは使用できません」と表示され再入力できるまで時間がかかる。パスコードを思い出せないなら、下部の「パスコードをお忘れですか？」をタップしよう。

2 iPhoneを初期化する

「iPhoneのリセットを開始」をタップし、Apple IDをサインアウトすれば初期化できる。eSIMを使用している場合は、eSIMのデータを保持するか削除するかも選択できる。

3 iCloudバックアップから復元する

初期設定中の「アプリとデータを転送」画面で「iCloudバックアップから」をタップして復元しよう。前回iCloudバックアップが作成された時点に復元しつつ、パスコードもリセットできる。

4 10回間違えたら自動で初期化

パスコードを忘れると初期化するしかないので、あらかじめ「設定」→「Face IDとパスコード」→「データを消去」をオンにしておくのもおすすめだ。入力を10回失敗すると自動でiPhoneが初期化される。

5 「探す」アプリなどでiPhoneを初期化

他にiPadやMacがあれば、「探す」アプリでパスコードを忘れたiPhoneを選択し、「このデバイスを消去」→「続ける」で初期化できる（P111で解説）。パソコンなどのWebブラウザでiCloud.comにアクセスし、「デバイスを探す」画面から初期化することもできる。

6 パソコンを使ってiPhoneを初期化

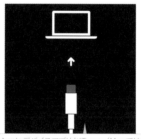

パソコンを使えば「リカバリーモード」でiPhoneを強制的に初期化することも可能だ。その後iCloudバックアップから復元すればよい。ただし、この操作はAppleデバイスアプリかiTunes（MacではFinder）が必要になる。

古いパスコードでロックを解除

iOS 17以降のiPhoneで、パスコードを変更して72時間以内であれば、古いパスコードを使って一時的にロックを解除可能だ。「パスコードをお忘れですか？」→「以前のパスコードを入力」をタップし、変更前のパスコードを入力しよう。

なくしてしまったiPhoneを見つけ出す方法

解決策 「探す」アプリで探し出せる

iPhoneの紛失に備えて、iCloudの「探す」機能をあらかじめ有効にしておこう。万一iPhoneを紛失した際は、iPadやMacを持っているなら、「探す」アプリで現在地を特定できる。家族や友人のiPhoneを借りて、「探す」アプリの「友達を助ける」から探すことも可能だ。また「探す」ではiPhoneに対して遠隔でさまざまな操作も行える。「紛失としてマーク」を有効にすれば、即座にiPhoneはロック（パスコード未設定の場合は遠隔で設定）され、画面に拾ってくれた人へのメッセージや電話番号を表示できる。地図上のポイントを探しても見つからない場合は、「サウンドを再生」で徐々に大きくなる音を鳴らしてみる。発見が難しく情報漏洩阻止を優先したい場合は、「このデバイスを消去」ですべてのコンテンツや設定を消去しよう。

なお、P044で解説している「盗難デバイスの保護」もあわせて有効にしておくのがおすすめだ。iPhoneが自宅や職場などのよく知っている場所にない時は、紛失モードの解除などセキュリティに関する操作を行う際にFace IDかTouch IDによる生体認証が必須となる。本人がいないと認証できないので、盗まれたiPhoneのパスコードを知られている場合でも安全に保護できる。

1 「iPhoneを探す」の設定を確認

「設定」で一番上のApple IDをタップし、「探す」→「iPhoneを探す」をタップ。すべてのスイッチがオンになっていることを確認しよう。

2 iPadなどの「探す」アプリで探す

iPhoneを紛失した際は、同じApple IDでサインインした別のiPadやMacなどで「探す」アプリを起動。紛失したiPhoneを選択すれば、現在地がマップ上に表示される。

3 友人のiPhoneを借りて探す

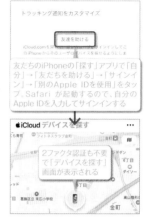

家族や友人のiPhoneを借りて探す場合は、「探す」アプリで「自分」タブを開き、「友達を助ける」から自分のApple IDでサインインしよう。2ファクタ認証はスキップできる。

4 サウンドを鳴らして位置を特定

マップ上のポイントを探しても見つからない時は、「サウンド再生」をタップ。徐々に大きくなるサウンドが約2分間再生される。

5 紛失モードで端末をロック

「紛失としてマーク」→「次へ」をタップして設定を進めると、端末が紛失モードになり、iPhoneは即座にロックされる。

6 情報漏洩を優先するなら消去

「このデバイスを消去」をタップすると、iPhoneのすべてのデータを消去して初期化できる。消去したあとでもiPhoneの現在地は確認できる。

iCloud.comでも探せる

WindowsパソコンやAndroid端末のWebブラウザでiCloud.com（https://www.icloud.com/）にアクセスした場合は、2ファクタ認証画面に表示される「デバイスを探す」をタップすると、認証をスキップして「デバイスを探す」を利用できる。

iPhone 完全マニュアル 2024

iPhone Perfect Manual 2024

２０２４年５月５日 発行

編集人　清水義博
発行人　佐藤孔建

発行・　スタンダーズ株式会社
発売所　〒160-0008
　　　　東京都新宿区四谷三栄町
　　　　12-4 竹田ビル3F
　　　　TEL 03-6380-6132

印刷所　株式会社シナノ

iPhone Perfect Manual 2024

Staff

Editor
清水義博（standards）

Writer
西川希典

Cover Designer
高橋コウイチ（WF）

Designer
高橋コウイチ（WF）
越智健夫

本書の記事内容に関するお電話での
ご質問は一切受け付けておりません。
編集部へのご質問は、書名および何
ページのどの記事に関する内容かを詳
しくお書き添えの上、下記アドレスまでE
メールでお問い合わせください。内容に
よってはお答えできないものや、お返事
に時間がかかってしまう場合もあります。
info@standards.co.jp

ご注文FAX番号　03-6380-6136

https://www.standards.co.jp/